JN026111

アト秒科学で波動関数をみる

日本化学会［編］
新倉弘倫［著］

共立出版

『化学の要点シリーズ』編集委員会

『化学の要点シリーズ』
発刊に際して

現在，我が国の大学教育は大きな節目を迎えている．近年の少子化傾向，大学進学率の上昇と連動して，各大学で学生の学力スペクトルが以前に比較して，大きく拡大していることが実感されている．これまでの「化学を専門とする学部学生」を対象にした大学教育の実態も大きく変貌しつつある．自主的な勉学を前提とし「背中を見せる」教育のみに依拠する時代は終焉しつつある．一方で，インターネット等の情報検索手段の普及により，比較的安易に学修すべき内容の一部を入手することが可能でありながらも，その実態は断片的，表層的な理解にとどまってしまい，本人の資質を十分に開花させるきっかけにはなりにくい事例が多くみられる．このような状況で，「適切な教科書」，適切な内容と適切な分量の「読み通せる教科書」が実は渇望されている．学修の志を立て，学問体系のひとつひとつを反芻しながら咀嚼し学術の基礎体力を形成する過程で，教科書の果たす役割はきわめて大きい．

例えば，それまでは部分的に理解が困難であった概念なども適切な教科書に出会うことによって，目から鱗が落ちるがごとく，急速に全体像を把握することが可能になることが多い．化学教科の中にあるそのような，多くの「要点」を発見，理解することを目的とするのが，本シリーズである．大学教育の現状を踏まえて，「化学を将来専門とする学部学生」を対象に学部教育と大学院教育の連結を踏まえ，徹底的な基礎概念の修得を目指した新しい『化学の要点シリーズ』を刊行する．なお，ここで言う「要点」とは，化学の中で最も重要な概念を指すというよりも，上述のような学修する際の「要点」を意味している．

本シリーズの特徴を下記に示す．

1）科目ごとに，修得のポイントとなる重要な項目・概念などをわかりやすく記述する．
2）「要点」を網羅するのではなく，理解に焦点を当てた記述をする．
3）「内容は高く」，「表現はできるだけやさしく」をモットーとする．
4）高校で必ずしも数式の取り扱いが得意ではなかった学生にも，基本概念の修得が可能となるよう，数式をできるだけ使用せずに解説する．
5）理解を補う「専門用語，具体例，関連する最先端の研究事例」などをコラムで解説し，第一線の研究者群が執筆にあたる．
6）視覚的に理解しやすい図，イラストなどをなるべく多く挿入する．

本シリーズが，読者にとって有意義な教科書となることを期待している．

『化学の要点シリーズ』編集委員会
井上晴夫（委員長）
池田富樹　伊藤　攻　岩澤康裕　上村大輔
佐々木政子　高木克彦　西原　寛

まえがき

様々な分子の構造や機能の発現，化学反応の進行などには，分子中の電子の性質が関与している．20 世紀初頭に発達した量子力学により，原子や分子中の電子の様子や，光との相互作用に関する理論体系の構築や，様々な実験が行われてきた．

量子力学によると，電子は波としての性質をもち，複素数の波動関数 Ψ として表される．波動関数の自乗（2 乗）$|\Psi|^2$ は電子の存在確率（電子密度分布）を表し，その姿を直接観測できるようになっている．一方，化学反応の理解には，波動関数の自乗 $|\Psi|^2$ ではなく波動関数 Ψ そのものの振る舞いを捉えることが必要である．そもそも複素数である（または振幅が正と負の値をもつ）波動関数はただの便利な関数なのか，それとも観測できるものか？波動関数の自乗だけが測定できるのか？という問いは，化学や物理，特に量子力学や量子化学を習うと思うことであろう．

量子力学の構築から約 80 年後の 21 世紀に入り，アト秒科学という新たな研究分野が発展した．1 アト秒は 10^{-18} 秒に相当し，アト秒の時間分解能が達成されることで，分子の回転や振動，化学反応が進行するよりも速い時間スケールで，電子の振る舞いを測定することができる．アト秒科学は，高強度のレーザーパルスと物質との相互作用の研究から進展し，現在では化学反応の研究のみならず，次世代の極端紫外～軟 X 線領域の光源や，ナノメートル以下のオングストローム領域の物質開発と量子制御の基盤技術として，各国で研究開発が進められている．

アト秒科学には，高次高調波とよばれる「コヒーレントなレーザー光」を用いる方法と，再衝突電子とよばれる「測定対象自身から引き出した電子」を用いる 2 つの方法がある．後者はいわば原子や分子の自分撮りに相当するもので，アト秒科学の特徴ともなっている．この 2 つの方法は，単に従来にない速い現象を測定できるというだけではなく，電子の位相情報にアクセスすることを可能にしている．これらの研究により，波動関数の自乗（電子密度分布）ではなく，位相または振幅の正負の符号が区別された分子軌道の姿などが明らかになってきた．

本書では，まず第 1 章で電子の波としての性質や，電子はどのように表されるのかを 20 世紀初頭の量子力学に基づいて概説する．次に第 2 章で，本書を読み進めるのに最低限必要な，原子や分子の波動関数と光との相互作用について簡単に説明する．第 3 章では，1990 年頃からのアト秒科学前夜の時代に行われた，アト秒への展開につながる重要な発見（高次高調波の発見）や理論モデル（三段階モデル）について概説する．第 4 章では，21 世紀になり，どのようにアト秒へのブレークスルーが行われたのか，また重要な測定方法の原理などについて説明する．第 5 章では，これらのアト秒科学の方法を用いて，どのように電子波動関数や分子軌道が測定されたのかについて述べる．最後に，まとめと今後の発展について記述する．また，本書を読み進めるのに必要な事柄やトピックスについては，随時，コラムとして挿入している．

アト秒科学は，様々な新しいアイデアによって展開されてきた．その一部を感じてもらえれば幸いである．

2023 年 10 月

著者

目　次

コラム目次

第1章 電子とは

1.1 電子はどう表されるのか

我々の身の回りにある様々な物質や，また我々自身も，分子から成り立っている．分子は原子を組み合わせたものであり，原子は原子核と電子から構成される．原子がどのように分子をつくっているのか，またどのように分子の構造や性質が変化するのかを知ることは，化学のみならず，物質科学や生命科学にとっても重要なことである．

電子や原子・分子の姿は，分光学，すなわち光と物質との相互作用の研究によって明らかにされてきた．特に20世紀初頭には，古典力学とは異なる新たな量子力学という分野が，これらの研究から生まれた．光と物質との相互作用に関する重要な現象のひとつに，光電効果がある（図1.1 (a)）．光電効果とは，波長の短い光（紫外線など）を物質に照射すると，電子が飛び出る現象である．当てる光の波長や強度を変えて，飛び出る光電子のエネルギーやその光子数がどのように変わるのかを調べると，波長が短くなると光電子のエネルギーが大きくなることや，光の強度を大きくしても光電子のエネルギーは大きくならず，飛び出る光子数が増えることがわかった．このことから，Albert Einstein（アルバート・アインシュタイン）は1905年に光量子仮説を提唱した．これは，飛び出した電子のエ

ネルギー E と光の波長 λ のあいだに，$E = \left(\frac{hc}{\lambda}\right) - W = h\nu - W$ という関係があり，光はエネルギー $h\nu$ をもつ粒子とみなすことができるという仮説である（光の粒子的性質）．ここで W は仕事関数とよばれ，光のエネルギーがこの仕事関数より大きくなると，電子が飛び出る．また ν は光の振動数で，c は光速度である．h はプランク定数とよばれ，黒体放射の実験から，1900年に光のエネルギーがとびとびであるという量子仮説を提唱した Max Planck（マックス・プランク）にちなんだ名前が付けられている．

水素原子を封入した真空管の中で放電を起こすと，とびとびの輝線スペクトルを示す光が放出される（図1.1（b））．これらの輝線スペクトルは，その波長を表す式を見出した Balmer（バルマー）にちなんで，バルマー系列とよばれている．なぜとびとびになるのかを説明するため，Niels Bohr（ニールス・ボーア）は原子核のまわりを電子がまわっているというボーアモデルを1913年に提唱した（図1.2（a））．このモデルでは，より外側の軌道をまわっている電子が内側の軌道に落ち込むときに，そのエネルギー差 ΔE に応じた振動数 ν の光が発せられるとしている．エネルギー差と光の振動数

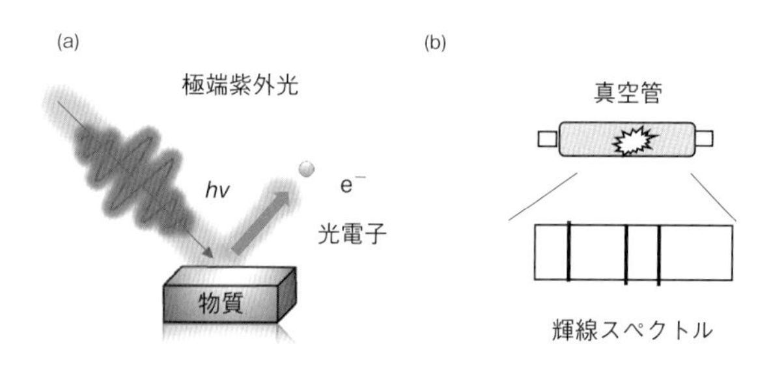

図1.1　(a) 光電効果と (b) 輝線スペクトル測定の概略図

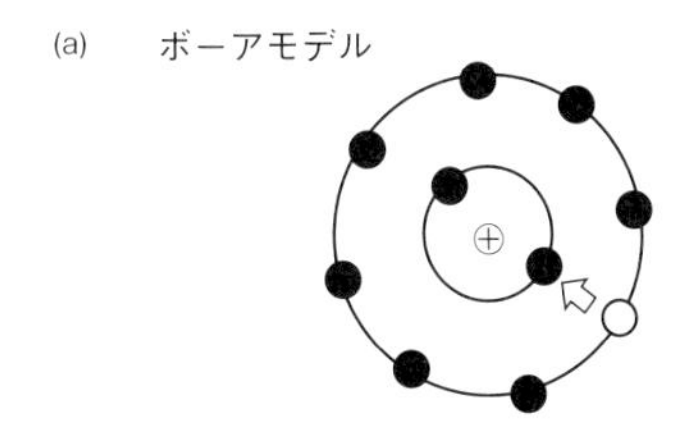

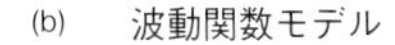

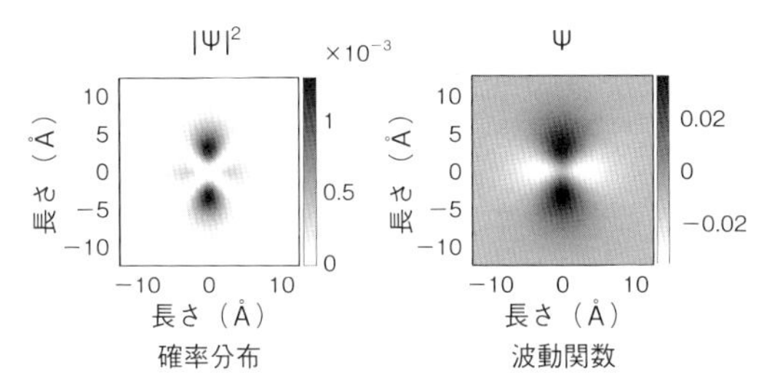

図 1.2　(a) ボーアモデルと (b) 波動関数モデル（f 軌道電子，磁気量子数 $m = 0$ の場合）

Ψの振幅は正負の値をもつが，その自乗$|\Psi|^2$は正の値のみからなる．1 Å (Angstrom) = 10^{-10}m.

の関係は，光電効果の場合と同様に $\Delta E = h\nu$ で表される．このモデルによると多電子原子では以下のように表される．例えばネオン原子は 8 つの電子をもっているが，そのうちの 2 つは内側の軌道をまわり，残りの 6 つは 1 つ外側の軌道をまわっているというように表現される．なお，ボーアモデルによると電子がぐるっと 1 周する時間は，約 150 アト秒であり，実はすでにアト秒という時間スケールの現象がここで出てきている．また，原子単位（atomic unit）で表したときの時間は約 24 アト秒である．

このモデルにより，水素原子の輝線スペクトル間隔を説明することが可能になった．しかし，「運動する電子は電磁波を放射し，エネルギーを失って原子核に落ちてしまうのではないか？」という問題があり，別のモデルが必要だった．

ボーアモデルに対して，現在，広く使われているモデルが1924年にErvin Schrödinger（エルビン・シュレーディンガー）により提唱された波動関数モデルである．このモデルは，電子の波としての性質を表したもので，シュレーディンガーの波動方程式とよばれる微分方程式を用いる．このシュレーディンガー方程式の解である固有値が電子のエネルギーに対応し，その固有関数が電子の波動関数Ψ（プサイ）とよばれている．（水素原子の電子の波動関数については，次章で簡単に説明する．）この波動方程式を用いて，水素原子のとびとびのエネルギーを求めることが可能になった．

光は波としての性質をもつと同時に，粒子としての性質をもつとされる（光量子仮説）．同様に，電子も粒子としての性質とともに，波としての性質をもつという考え方が生まれた．1924年にLouis de Broglie（ルイ・ド・ブロイ）は「物質波」という概念を提唱した．これは「電子が運動量pで運動しているとき，電子は波長$\lambda = h/p$の波として振る舞う」というものであり，電子の波としての性質を表したものである．この物質波の波長はド・ブロイ波長とよばれており，シュレーディンガーの波動方程式はこの物質波の概念の発展版になっている．

シュレーディンガー方程式の固有解であるエネルギーについては，輝線スペクトルなどの実験結果との一致が見られたが，一方，固有関数である波動関数とは何なのか？，どのような物理的実在と関係するのか？という疑問が生じた．これに対して，1925年にMax Born（マックス・ボルン）が波動関数の「確率解釈」を提案し，波動関数に物理的な意味が与えられた．

確率解釈とは,「波動関数 Ψ の自乗(2 乗)$|\Psi|^2$ は,電子が存在する確率分布を表す」というものである.すなわち,ボーアモデルのように電子がぐるぐるとある軌道をまわっているという代わりに,電子は空間に確率的に分布していると考える.図 1.2 (b) に,原子の f 軌道(磁気量子数 $m = 0$)とよばれる状態(第 2 章で説明)の波動関数の自乗 $|\Psi|^2$ の分布を示す.色の濃くなっているところが,確率の高いところである.

ここで,確率的に分布しているということの意味は,たくさんの電子があるということではなく,1 つの電子が異なる位置に観測されうる,ということである.水素原子を 1 つもってきて,その電子の位置を測定するとしよう.ある測定では,電子はある位置 r_1 に観測される.次に,同等の水素原子をもう 1 つもってきて,その電子の位置を測定する.すると,今度は電子は別な位置 r_2 に観測される.これを多数回繰り返すと,どの位置にどれくらいの回数,観測されたのかという分布ができる.これが確率解釈ということの意味である.なお,この確率分布を電子雲とよぶことがある.この電子の確率分布は,次章で説明するように,原子の種類や原子中の電子のエネルギーに応じて,様々な形(分布)となる.

この確率解釈と,波動関数とがどのように関係するのかを表した実験結果を図 1.3 に示す.これはネオン原子に極端紫外のレーザーパルスを照射し,放出された電子をスクリーンに集めたものである [1].ネオン原子 1 つにレーザーパルス(アト秒レーザーパルスと赤外パルス)が照射されると,2p 軌道とよばれる状態から,2 つ光子を吸収してある確率で電子が放出され,それがスクリーン上に当たる.次にまたレーザーパルスが別なネオン原子に当たると,そこから電子が放出される.このような測定を繰り返していくと,電子の

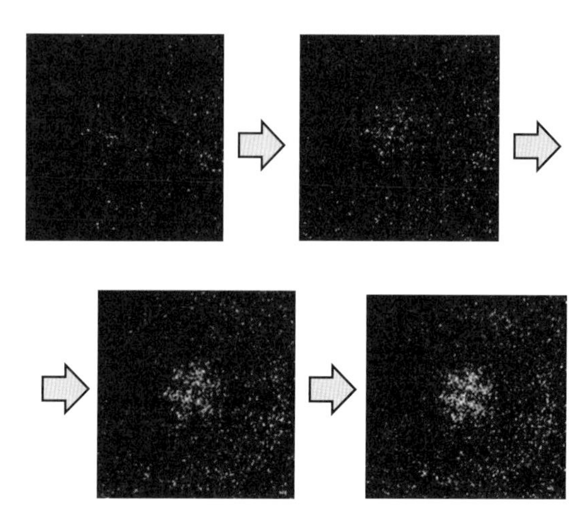

図 1.3　電子の粒を集めると，波動関数の自乗の分布が見えてくる．(筆者測定)

分布としてある形が見えてくる．測定回数が少ない間は，ランダムに電子が当たっているように見えるが，回数が増えると，真ん中に6つの振幅の山（ローブ）をもった形状が観測される．これは，ネオン原子の波動関数（f軌道，磁気量子数 $m = 0$）の形を反映しており，Born の「電子の粒を集めると，波動関数の自乗の分布になる」という確率解釈が成り立っていることが可視化されている．なお，この実験ではスクリーンの縦軸と横軸は電子の位置ではなく，電子の運動量（放出角度とエネルギー）に対応している．

コラム 1

原子や分子の大きさ

分子や，分子の電子波動関数はどれくらいの大きさなのだろうか．地球の大きさは 10^7 m 程度，人体は 1 m から 2 m くらいの大きさである．人体の中の細胞はおおよそ数十マイクロメートル（μm, 10^{-6} m）で，その中の DNA の大きさはおよそ数百ナノメートル（nm, 10^{-9} m）となる．酸素分子や窒素分子などの大きさは 0.1 nm＝10 オングストローム（Å）程度である．これらの大きさの分子に電子は分布しているので，電子波動関数の大きさは，これらの分子の大きさと同程度になる．アト秒科学では電子波動関数やそのダイナミクスを測定対象とするので，オングストローム領域の科学となる．

（新倉弘倫）

コラム2

光の波長とエネルギーとエネルギー準位

我々が目で認識できる波長領域は可視光とよばれ，約 400 nm～800 nm 程度である．波長の長いほうから，赤・黄色・緑・青と並んでいる．赤い色よりも波長が長い領域は赤外とよばれ，青い色よりも波長が短い領域は紫外とよばれる．波長が約 200 nm より短くなると，大気中の窒素分子や酸素分子が光を吸収するため，実験装置を真空に保つ必要がある．この領域を真空紫外（Vacuum Ultra-Violet：VUV）とよぶ．さらに波長が短くなると，極端紫外（Extreme Ultra-Violet：EUV または XUV）・軟 X 線（Soft X-ray）・硬 X 線（Hard X-ray）とよぶ領域になる．波長が短いこれらの領域では，光の波長 λ とともに，エレクトロンボルト（eV）の単位がしばしば用いられる．1240 を波長 λ（nm）で割ると，eV 単位の値になる．例えば 400 nm では，約 3.1 eV となる．VUV と EUV，また EUV と Soft X-ray の境目の定義は必ずしも定まっていないと思われるが，おおよそ EUV は 10 eV から 120 eV 程度の範囲である．なお，赤外領域では，ウェイブナンバー（cm^{-1}）も用いられ，1 eV が約 8064 cm^{-1} に対応する．例えば約 3000 cm^{-1} は，波長では 3300 nm＝3.3 μm となり，エネルギーでは 0.37 eV になる．

光を物質に照射すると，その波長 λ が物質のエネルギー間隔と $\Delta E = hc/\lambda$ の関係にあるとき，光は吸収されて遷移が起こる．分子のエネルギー準位は，電子のエネルギーと，核運動に伴うエネルギー（回転エネルギー・振動エネルギー・並進運動エネルギー）とに分けることができる（第 2 章参照）．これらのエネルギーは，イオン化したり分子が解離したりしていないときには，とびとびの値をとっていて，エネルギー準位とよばれる．電子のエネルギー準位間隔が一番大きく，分子にもよるが可視領域～紫外領域の波長の光によって励起される．振動準位間は赤外領域になり，3000 cm^{-1} から，大きな分子の面内振動では数百 cm^{-1} となる．

（新倉弘倫）

1.2　電子の波としての性質

化学反応を理解するには，確率密度分布（波動関数の自乗 $|\Psi|^2$），すなわち電子雲ではなく，波としての性質をもつ波動関数 Ψ そのものが重要である．波としての性質で重要なことは，波は干渉するということである．干渉することができる性質（可干渉性）をコヒーレンス，またはコヒーレントな性質をもつという．

例えば，図 1.4 に示すような波が右と左からやってきたとしよう．図 1.4（a）の場合のように，もし波の出っ張っている部分（上向きの部分）同士が近づくと，干渉して波は強め合うが，図 1.4（b）の

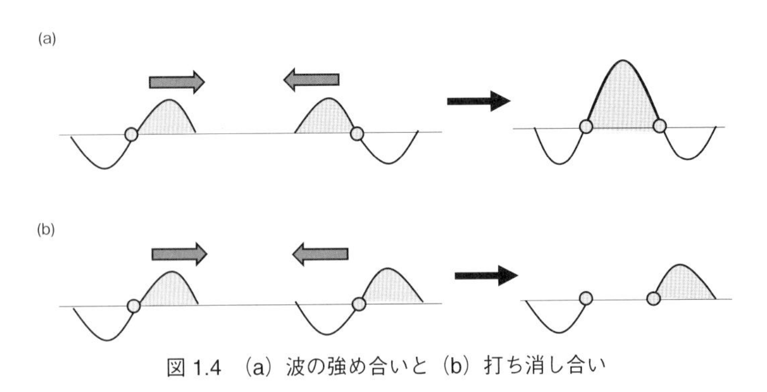

図 1.4　(a) 波の強め合いと (b) 打ち消し合い

ように，波のへこんでいる部分が上向きの部分に近づくと，干渉の結果として打ち消し合ってしまう．このような強め合いと打ち消し合いが生じるのが，波の特徴である．

この左右からやってくる波を，それぞれ原子の電子波動関数だとすると，電子の波の強め合いが起こるときに結合が生じて分子が生成し，電子の波の弱め合いが起こるときは結合が生じない，と理解することができる．実際の分子は（水素分子イオン以外は）多電子系なのでこれほど簡単なモデルではないが，例えば化学反応の選択性を説明するウッドワード・ホフマン則では，波動関数の強め合いと打ち消し合いで説明される（コラム 4 参照）．

ここで，もし波動関数の自乗（確率密度分布 $|\Psi|^2$）のみで考えると，図 1.4 の波の下向きのへこみ部分はでっぱりに変わり，このような干渉は起こらないことになる．そこで，$|\Psi|^2$ ではなく，波の振幅の正と負（符号）の区別がなされている波動関数 Ψ そのものを測定することが重要になる．図 1.2 (b) の右の図は，f 軌道の Ψ を表したものであるが，振幅が濃淡で示されている．白い方が負，黒い方が振幅の正の部分を表している．

ここでは符号の違いだけに注目したが，波動関数が複数の固有関数からなる場合や，イオン化で生成した電子の場合などは，波動関数は複素数で表される．この場合は，振幅と位相の分布または実部と虚部の分布を得ることが必要になる．

コラム 3

波の表し方

波動関数は，「波」という文字を含んでいるように，電子の波としての性質を数式で表したものである．波は，周期 T のほかに，振幅 A（波の大きさ）と位相 φ（波の横ずれ）で表される．

一般に波は複素数で表され，例えば一番簡単な波は，振幅 A と位相 φ を用いて，$X(t) = \mathrm{A}\exp(\mathrm{i}(\omega t + \varphi))$ と表される．ここで ω は角振動数であり，$\omega = 2\pi/T$ である．横軸を実数軸，縦軸を虚数軸とした複素平面を考えると，$X(t)$ は複素平面上を角速度 ω で回転するベクトルとみなすことができる．また，上の式の代わりに，$X(t)$ を実数軸と虚数軸に射影した実部（Real part）と虚部（Imaginary part）で表すことができる．実部は $X_R(t) = \mathrm{A}\cos(\omega t + \varphi)$，虚部は $X_I(t) = \mathrm{A}\sin(\omega t + \varphi)$ となり，三角関数になる．実部だけをもつ場合でも，三角関数で表されることからわかるように，$X_R(t)$ は正と負の値をとる．また，$X(t)$ の自乗 $|X(t)|^2$ をとると，位相成分は消えて，振幅の自乗 A^2 のみになる．

（新倉弘倫）

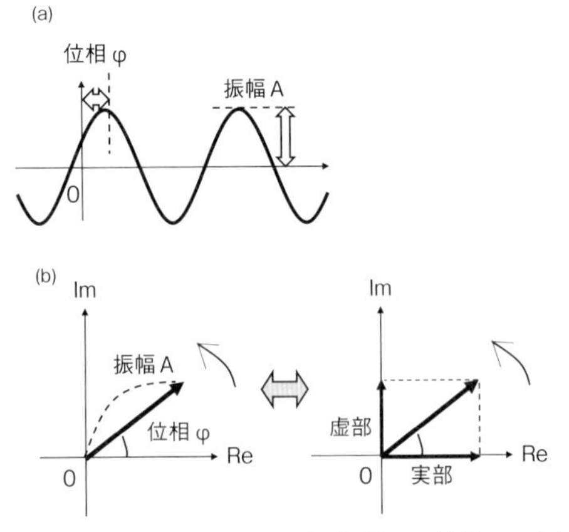

図　(a) 三角関数で表したときの波の振幅 A と位相 φ．(b) 複素数表示．複素数は振幅と位相（左図）または実部と虚部（右図）の 2 つの変数で表す．横軸は実数軸（Re），縦軸は虚数軸（Im）を表す．

1.3　波動関数の干渉

以上に記したように，電子波動関数そのものはその振幅が正か負の値をとる実数，または複素数で表される関数である．一方，図 1.3 に示した実験のように，電子は検出器に当たると粒として観測されるため，波動関数 Ψ の符号の違い（位相の違い）は見えなくなってしまう（図 1.5）．すなわち，図 1.5 で上方向に放出された電子と，下方向に放出された電子とでは，その符号（または位相）が異なるはずだが，その違いは，電子が検出器に当たったときに消され，区別ができない．このことから，波動関数は古典的な確率分布を与えるだけの関数ではないといえる．

では，どのような測定で，波動関数の振幅の正負や，位相を区別できるだろうか．それには，電子の波としての性質である干渉を利用する．重要なことは，“複数の”電子が互いに相互作用して干渉するというのではなく，“1 つの”電子がとりうる“可能性のある”状態が干渉する，ということである．

この説明のため，古典的経路と量子的経路を考える．例えば東京

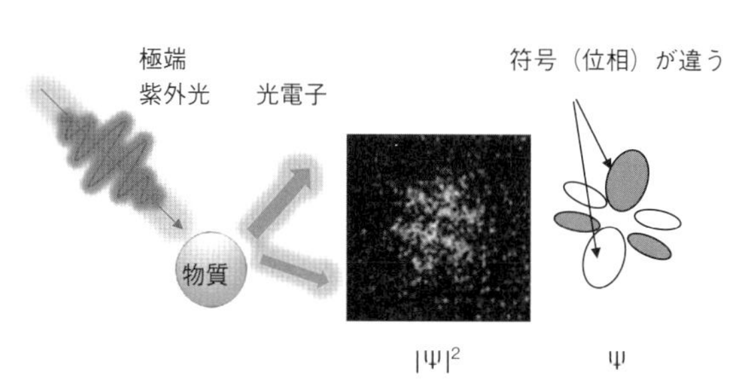

図 1.5　検出器に当たると，波動関数の位相（または振幅の正負）の違いは消えてしまう．

から京都にいく場合などは古典的経路となる（図1.6 (a)）．ひとつの経路Aは，東海道新幹線で東京から京都に直通でいく場合である．もう1つの経路Bは，東京から名古屋までは新幹線，名古屋から京都までは近鉄でいく場合である（途中の大和八木駅での乗り換えは考えないことにする）．ここで，経路Aと経路Bは独立に存在しており，ある1人のヒトは，経路Aか経路Bのどちらかを通って京都にいくことになる．このとき，例えば経路Aを通ったとしても，経路Bを通る可能性があったということは，経路Aでの到着には関係がない．

一方，経路をいくのがヒトのような大きなものではなく，ド・ブロイ波長が重要となる運動量をもつ電子のような物質の場合は，量

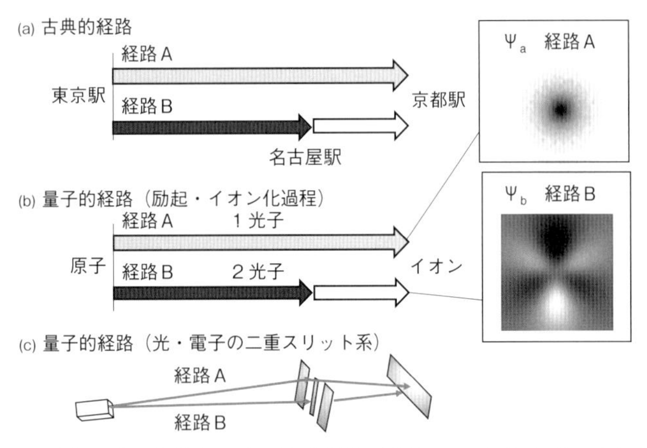

図1.6 (a) 古典的経路と (b) 量子的経路（励起・イオン化過程） (c) 量子的経路（光・電子の二重スリット系）
Ψ_a として2p軌道からの1光子励起により生成したs波，Ψ_b として2光子励起により生成したf波を，それぞれ例示している．

子的な経路を考える必要がある（図 1.6 (b), (c)）．電子がある量子的な経路 A を通る可能性がある場合と，経路 B を通る可能性がある場合が存在したとする．なお経路と表現しているが，必ずしも実際に電子が通る通り道のことではなく，光によるイオン化過程など電子の状態が変化する過程でも同様である．量子的な干渉は，電子の二重スリット実験などによって知られているが [2]，光励起やイオン化などの場合でも同様に考えることができる．例えば，分子が 2 つの光子を吸収してイオン化する場合（2 光子吸収過程）と，分子が 1 つの光子を吸収してイオン化する場合（1 光子吸収過程）などでもかまわない（図 1.6 (b)）．このような複数の経路の可能性がある場合，次のように考える．

(1) 「経路 A のみを通ったときに生成するであろう電子波動関数 Ψ_a」と「経路 B のみを通ったときに生成するであろう電子波動関数 Ψ_b」とを，ある位相差 φ で足し合わせる．数式で書くと $\Psi = \Psi_a + \Psi_b \exp(\mathrm{i}\varphi)$ となる．
(2) 足し合わされた波動関数の自乗 $|\Psi|^2 = |\Psi_a + \Psi_b \exp(\mathrm{i}\varphi)|^2$ が，電子の確率分布を与える．
(3) 実験では，電子は粒として観測される．多数回，同じ測定を行うと，波動関数の自乗 $|\Psi|^2$ の分布が見えてくる．
(4) 片方の経路の到達時間などを変えると，位相 φ が変化し，観測される波動関数の自乗 $|\Psi|^2$ も変化する．この位相変化の関数として波動関数の自乗の変化を測定することで，波動関数そのものの位相（符号）についての情報を得ることができる．

第 5 章で，1 光子励起過程と 2 光子励起過程の 2 つの量子的経路の干渉を利用することにより（これは coherent control，コヒーレント制御とよばれている方法の1つである)，複素数の波動関数を可視化した結果を示す [1].

古典的な場合と異なり，量子的な経路では，電子は経路AとBのどちらを通ったのかはわからない．もしどちらを通ったかがわかると，他方の可能性がゼロになるので，波動関数の足し算にはならない．このように，生成する可能性のある波動関数同士が干渉する，すなわち「電子（自分）は1つだが，Aという経路をたどった場合の自分と，Bという経路をたどった場合の自分とが干渉し，その結果が観測される」という，やや奇妙な感じのする考え方を量子力学では用いる．他にもなにか妥当な説明・モデルがあるかもしれないが，現状では上記のように考えても実験結果とは矛盾しない．このような考え方を用いることで，後述するアト秒再衝突電子法による「自分自身で自分自身を測定する」方法や，アト秒レーザーパルス（高次高調波）の発生機構，波動関数の位相測定方法の説明が可能である．

なお，もし場合や可能性を「世界」と言い換えると，「経路Aを通った世界での自分と，経路Bを通った世界での自分とが干渉し，観測者の世界で観測される」という表現になり，より奇妙さが増すことになる．この場合，「では電子の実在とはなんなのか？」という疑問がわいてくるかもしれないが，解釈はともあれ，量子計算を行う上では前述の（1）～（4）のように考えて差し支えないとされる．

第2章

電子の波動関数

2.1　水素原子の電子波動関数

本章では，最も簡単な例として水素原子の電子波動関数について簡単に記述する．水素原子中の電子は，原子核からのクーロン力を受けており，電子は原子核がつくるポテンシャル $U(r)$ の中に存在している．$U(r)$ は原子核と電子との間の距離 r のみに依存する中心力ポテンシャルであり，角度には依存しない．この場合，電子の3次元空間での運動は直交座標系 (x, y, z) ではなく，極座標 (r, θ, φ) を使う方が便利である．水素原子のシュレーディンガー方程式は波動関数を $\Psi(r, \theta, \varphi)$ として

$$\left[-\frac{\hbar}{2\mu}\nabla^2 + U(r)\right]\Psi(r, \theta, \varphi) = E\Psi(r, \theta, \varphi) \tag{2.1}$$

となる．ここで μ は電子の換算質量，$\hbar$ はプランク定数を 2π で割ったもので $\hbar = 1.054 \times 10^{-34}$(Js) であり，$E$ はエネルギー固有値である．∇ は微分演算子である（量子力学の成書を参照のこと）．波動関数 $\Psi(r, \theta, \varphi)$ は，距離（動径方向）と角度方向とに分離でき，固有関数として書くと

$$\Psi_{n,l,m_l}(r, \theta, \varphi) = R_{n,l}(r)Y_{l,m_l}(\theta, \varphi) \tag{2.2}$$

となる．$R_{n,l}(r)$ は動径波動関数，$Y_{l,m_l}(\theta, \varphi)$ は球面調和関数とよ

ばれる関数である．n, l, m_l はそれぞれ主量子数，軌道角運動量量子数（方位量子数），磁気量子数とよばれる（以下，簡単のために m_l を m と表すこともある）．軌道角運動量量子数は，電子の角運動量ベクトル $\mathbb{L}$ の大きさ L を表し，$L = \sqrt{l(l+1)}\hbar$ となる．また磁気量子数は，電子の角運動量ベクトル $\mathbb{L}$ を z 軸方向に射影したときの大きさ L_z を表し，$L_z = m_l\hbar$ となる．すなわち磁気量子数は角運動量ベクトル $\mathbb{L}$ の方向を決めている量子数であるともいえる．ただし，z 軸周りのどの方向なのかは決まらない．また，これらの3つの量子数に加えて，スピン量子数という 1/2 か $-1/2$ をとる量子数が存在する．この4つの量子数で，電子の量子状態は区別されることになる．

主量子数 n は1以上の整数で，軌道角運動量量子数は，主量子数が $n = 1$ のときは $l = 0$, $n = 2$ のときは $l = 0, 1$，$n = 3$ のときは $l = 0, 1, 2$ のように，主量子数によってとれる値に制限がある．また磁気量子数 m_l は，$l = 0$ のときは $m_l = 0$ のみ，$l = 1$ のときは $m_l = -1, 0, 1$，$l = 2$ のときは $m_l = -2, -1, 0, 1, 2$ のように，軌道角運動量量子数に応じてとれる値に制限がある．動径波動関数 $R_{n,l}(r)$ は n, l の値，また球面調和関数 $Y_{l,m_l}(\theta, \varphi)$ は l, m_l の値に依存する．これらの関数は，それぞれの量子数に応じて具体的な式が表として与えられている．また，$l = 0$ を s 軌道，$l = 1$ を p 軌道，$l = 2$ を d 軌道，$l = 3$ を f 軌道，$l = 4$ を g 軌道とよぶ．主量子数とあわせて表現すると，それぞれ 1s 軌道，2s 軌道，2p 軌道などとよぶ．また，イオン化状態（電子のエネルギーが正の場合）でも同様で，しばしば“軌道”の代わりに“波”（例えば f 波）が用いられる．なお，軌道（Orbital）という用語を使っているが，前章で記したように電子が決まった軌道をぐるぐるとまわる（Orbit）ということではないが，慣習的に原子軌道（Atomic orbital）とか，分子軌道（Molecular orbital）とよばれている．

図 2.1 に，水素原子について計算された原子軌道の模式図を示す．実際には波動関数は 3 次元の関数だが，$m_l = 0$ の場合は，波動関数は z 軸周りに対称なため，z-x 平面で切った（$y = 0$ での）2 次元図を描いている．また波動関数の振幅は，グレースケールで表されている．縦軸と横軸の単位はオングストローム（Å）で，1 Å $= 10^{-10}$ m である．

図 2.1 からわかるように，s 軌道の角度分布は全対称である．1s 軌道の振幅は全領域で正だが，2s 軌道では，r が大きくなると振幅が負になる領域がある．3s 軌道では，r の小さいほうから正→負→正と，振幅の符合が変わる．主量子数の数が上がると，このように振幅ゼロを横切る点（波動関数が節となり，振幅の符号が入れ替わる点）が増えていく．

p 軌道（$m_l = 0$）はダンベルのような分布をしており，$x = 0$ で折り返すと，波動関数の振幅の符号が逆になっている．一方，d 軌道（$m_l = 0$）では，$x = 0$ で折り返すと振幅の値は同じである．また，f 軌道（$m_l = 0$）では，全部で 6 つの振幅の山（ローブ）が見られ，隣り合う振幅はその符号が逆になっている．これらは球面調和関数の性質を反映している．これらの軌道でも，主量子数が大きくなると，動径方向に波動関数の節が出来てくる．例えば 4p 軌道では，約 3 Å と 7 Å のところで波動関数の振幅の正負が入れ替わっている．

磁気量子数が $m_l = 0$ のときは，球面調和関数は実数になるが，それ以外の $m_l = \pm 1$ などの場合には，球面調和関数は $e^{\pm i\varphi}$ の項を含み，複素数になる．しばしば，絶対値の同じ m_l 同士（$m_l = 1$ と $m_l = -1$ など）の線形和をとることで，実数として表すことがある．例えば 2p 軌道では，$m_l = 0$ では z 軸の方向に振幅が伸びてい

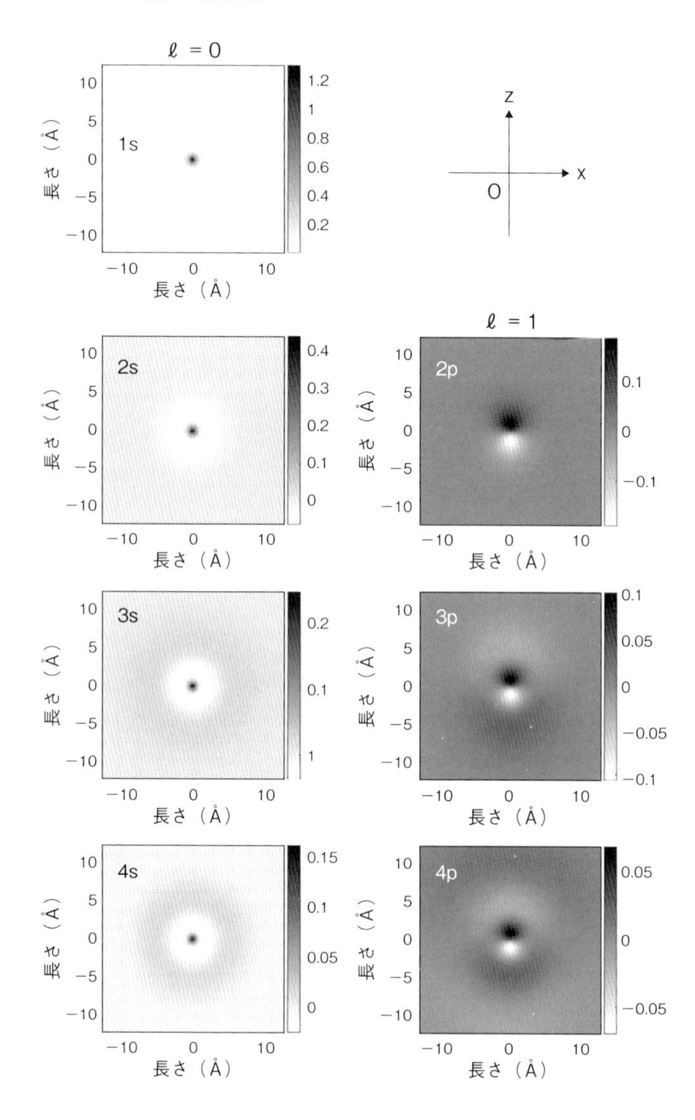
ℓ = 0
1s
2s
3s
4s
ℓ = 1
2p
3p
4p
z
x
O
長さ（Å）

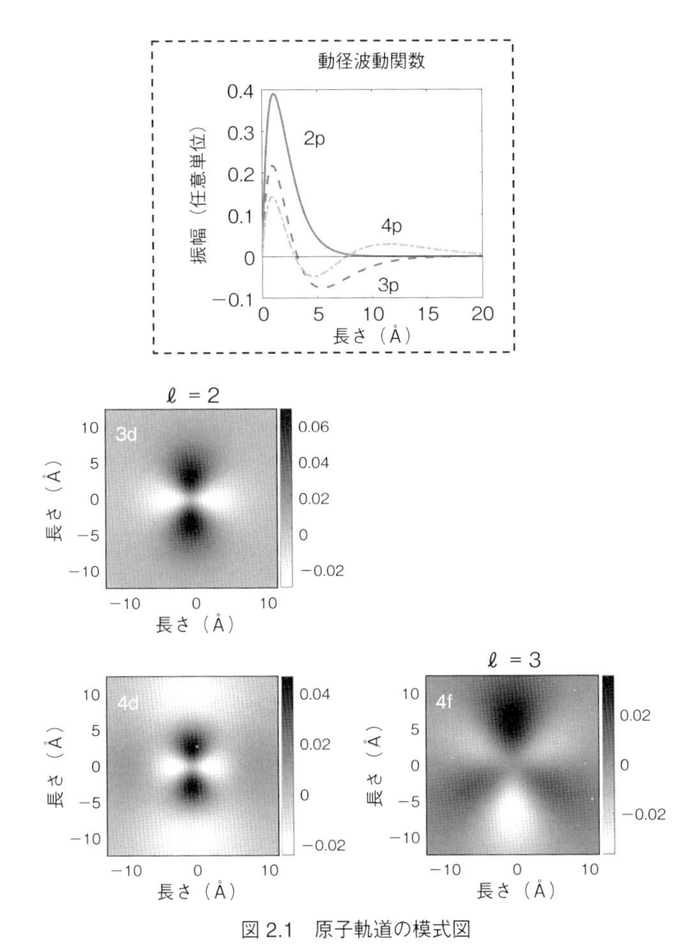

図 2.1　原子軌道の模式図

すべて磁気量子数 $m_l = 0$ のみの場合であり，z 軸は図で縦方向である．囲みの中は，2p, 3p, 4p 軌道の動径波動関数．

たが，このような線形結合をとると，x 軸や y 軸方向にその振幅が伸びているような波動関数になる．ところで，「線形結合をとったものと，複素数のままの波動関数とでは，どちらを採用すべきなのか」という問題がある．これは扱っている系によると考えられる．後述のように原子軌道から分子軌道をつくる場合には，複素数の形式よりは，線形結合をとったほうがわかりやすい．一方，原子の光イオン化過程などでは，複素数のままで取り扱うこともある．

2.2　原子のエネルギー準位と電子構造

シュレーディンガー方程式は，固有関数として波動関数と，固有解としてエネルギーを与える．電子のエネルギーは，電子が束縛状態（核から離れていかない状態）では負の値をとり，イオン化状態など，電子が核から離れていくような状態では，正の値をとる．また束縛状態では，電子のエネルギーはとびとびの値をとり，イオン化状態では，電子のエネルギーは連続的な値をとりうる．そのため，しばしばイオン化したときのエネルギー準位は，イオン化連続状態ともよばれる．

束縛状態でエネルギーがとびとびの値をとる（量子化されている）のはなぜなのかを理解するには，電子が波として表されることを思い出せばよい．電子の波の波長 λ は，電子のもつ運動量 p と $\lambda = h/p$ という関係がある．このことから運動量 p の電子は，この関係で満たされる波長の波（ド・ブロイ波）と考えることができる．束縛状態の波動関数は，両端が固定されている波と考えればよい．このとき最も波長の長い波は，両端の間隔の倍の長さの波長になる．次に波長の長い波は，両端のちょうど中央で節をもつような波になる．このように，存在することのできる波の波長がとびとびの値になるため，運動量・エネルギーもとびとびになる．これは両端が固定された弦の上に生成する定在波と類似したものとして考えることができる．

図 2.2（a）に，水素原子のエネルギー準位の模式図を示す．水素原子の場合は，軌道角運動量量子数 l が異なっていても同一の主量子数 n であればエネルギーは同じだが，ネオンなどの多電子原子の場合（図 2.2（b））は，同じ主量子数でも軌道角運動量量子数 l が大きくなると，エネルギーが少しあがる．またどちらの場合も，磁気量子数 m_l の異なる状態でも同じエネルギーをとる（縮退している）．（なお第 5 章で説明するように，高強度レーザー電場中の特殊な場合には，縮退が解けて異なるエネルギーをとりうる．）

水素原子の場合，電子は 1 つしかないので，電子のエネルギーが一番低い状態では，電子は 1s 軌道に 1 つ入っていることになる．そこに，ちょうど 1s 軌道と，2p 軌道との間のエネルギー差 ΔE に相当する波長 λ の光（$\Delta E = hc/\lambda$）が照射されると，1s 軌道から 2p 軌道に電子が飛び移る（遷移，励起する）．遷移には選択則があり，

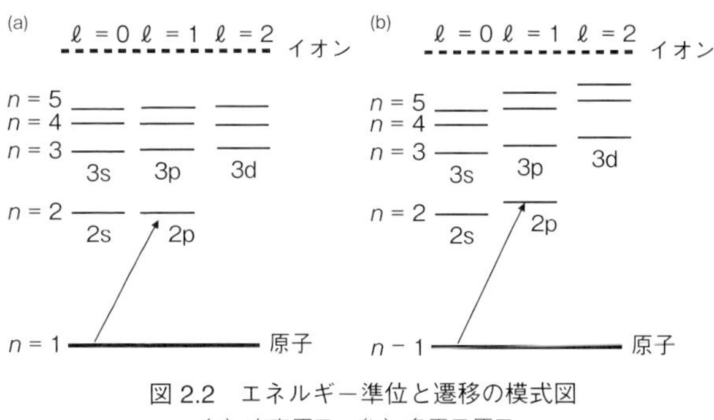

図 2.2　エネルギー準位と遷移の模式図
（a）水素原子，（b）多電子原子．

直線偏光の場合，磁気量子数 m_l は変わらずに，軌道角運動量がひとつ異なる（$\Delta l = \pm 1$）準位のみに遷移するため，1s 軌道からは 2s 軌道には遷移しない．光のエネルギーが大きくなる（波長が短くなる）と，エネルギーの高い準位に励起し，イオン化ポテンシャルを超えると，電子が原子から離脱するイオン化過程が生じる．

上記の励起スキームは励起する光の強度が弱く，1 光子による遷移のみが生じるとみなせる場合である．光の強度が強くなると，第 3 章以降で説明するように，多光子過程・トンネルイオン化過程などの，1 光子遷移とは異なる過程が生じる．

ネオンやアルゴンなどの多電子をもつ原子（多電子原子）の場合には，以下のように考える．シュレーディンガー方程式は，電子が 2 つより多い系に対しては，正確な解を得ることができない．そこで，1 電子近似などの方法が必要になる．1 電子近似とは，その電子は核とほかの電子がつくる平均場を動くと仮定する近似である．このような近似を使ってシュレーディンガー方程式を解いて求められたエネルギー準位に，1s 軌道から電子が入っていくとする（軌道近似）．電子はフェルミ粒子とよばれる粒子であり，同じ状態を複数の電子が占めることはできないので，ある軌道には，それぞれスピン状態が異なる電子が最大 2 つまで入ることになる（パウリの排他律）．そうすると，例えばネオン原子の全エネルギーが一番低い状態（基底状態）では，1s 軌道に 2 つ，2s 軌道に 2 つ，2p 軌道の $m_l = 0$, $m_l = 1$, $m_l = -1$ の状態にそれぞれ 2 つずつ（つまり 2p 軌道には 6 つ）の電子が入ることになる．これを記号で表すと，$(1\mathrm{s})^2(2\mathrm{s})^2(2\mathrm{p})^6$ と表される．これを電子配置とよぶ．このとき，最も外側にいる電子は 2p 軌道の電子であり，例えばこの軌道から電子を 1 つ取り除いてイオン化するには，21.56 eV 以上の光のエネルギーが必要になる．電子を 1 つ取り除くのに必要な最低のエネルギーは，第 1 イオン化エネルギー（または第1イオン化ポテンシャル，IP）とよばれている．

2.3　分子軌道

次に，分子の電子波動関数である分子軌道について考えよう．前に述べたように，多電子系ではシュレーディンガー方程式の完全解を求めることはできず，様々な近似が必要になる．分子の場合は電子以外にも，分子の重心の運動（並進運動）に加えて，分子を構成する原子間の距離を変数とする振動モードと，重心周りの回転角を変数とする回転モードがある．（なお振動モード・回転モードとは，分子を質点からなる古典的な質点系と考えたときの，振動運動と回転運動に対応する用語である．）ここで，まず原子核と電子の運動とを分離して考えるという，ボルン・オッペンハイマー近似（Born-Oppenheimer approximation）を用いる．さらに，分子の振動モードと回転モードとを分離できるとする．このとき，それぞれ回転・振動モードを表す変数ごとにシュレーディンガー方程式を解いて，それぞれ回転エネルギー・振動エネルギーとその回転波動関数・振動波動関数を求めるという方法をとる．なお回転波動関数は球面調和関数で表され，振動波動関数は，単振動（調和振動子）の場合はエルミート多項式とよばれる関数を含む形となる．

全体のエネルギーは，電子のエネルギーと重心の並進エネルギーと回転エネルギーと振動エネルギーの和になる．また，回転・振動エネルギーも，電子のエネルギーと同様に量子化されており，とびとびの値をとる．隣り合うエネルギー準位との間隔は一般に，重心の並進運動エネルギー $<$ 回転エネルギー $<$ 振動エネルギー $<$ 電子のエネルギーとなっている．（化学反応が生じる場合には，振動エネルギーと電子のエネルギー間隔が隣接していることもある．また，回転エネ

ルギーが大きい場合は，振動エネルギー準位と大きく相互作用することがある.）光の波長 λ と励起エネルギー E との関係 $E = hc/\lambda$ から，回転エネルギーはマイクロ波，振動エネルギーは赤外光，また電子のエネルギーは可視～紫外から極端紫外領域の光で励起されることになる.

ボルン・オッペンハイマー近似を用いた方法では，次のように電子波動関数を求める．まず分子を構成する原子の位置を変えないで，その状態での電子のエネルギーと波動関数を求める．次に，少し原子の位置をずらして，またその状態で電子のエネルギーと波動関数を求める．このようにすると，核の座標に対して，エネルギーがどう変化するのか（断熱ポテンシャル）を求めることができる.

電子波動関数を求めるための最も簡単な近似は，ある電子は他の電子や核のつくるポテンシャルの平均場にあると考える 1 電子近似である（ハートリー・フォック法，Hartree-Fock method）．また，電子と電子の相互作用は電子相関とよばれるが，CI 法など，このような電子相関も考慮したさまざまな分子軌道計算法がある．ここでは簡単に，線形結合法（Linear Combination of Atomic Orbital：LCAO 法）を用いて，どのように原子軌道から分子軌道を構成するかについて概略を説明する.

簡単な例として，窒素分子を考える（図 2.3）．窒素分子は，窒素原子 2 つからなり，2 つの窒素原子の結合軸を z 軸とする．窒素原子がそれぞれ離れているときは，窒素原子の基底状態（エネルギーが一番低い状態）での電子配置は $(1s)^2(2s)^2(2p)^3$ で，7 つの電子がある．窒素原子間の距離が近くなると，それぞれの軌道が相互作用する．まず 1s 軌道から考える．片方の窒素原子の 1s 軌道は，もう片方の原子の 1s 軌道と相互作用するが，ここで「1s 軌道同士の位相が同じ」か「1s 軌道の位相が逆か」で，2 つの場合がある．位相が同

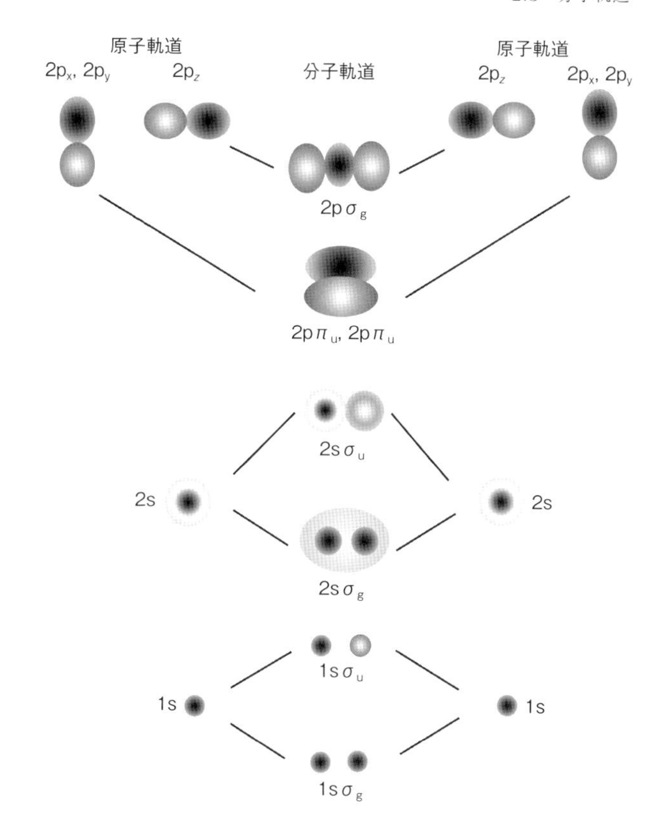

図 2.3　LCAO 法による分子軌道の構築の概念図

$2p_x$ 軌道，$2p_y$ 軌道と，それから生成する $2p\pi_u$ 軌道は互いに直交しているので，図では 1 つだけ描いてある．それぞれの軌道に電子が 2 つずつ詰まる．

じ軌道同士が近づくと結合をつくり，$1s\sigma_g$ 軌道とよばれる結合性の分子軌道になる．一方，位相が逆の原子軌道が近づくと，反結合性軌道である $1s\sigma_u$ 軌道になる．2s 軌道も同様に，$2s\sigma_g$ 軌道と $2s\sigma_u$

軌道ができる．1つの軌道には，スピンの異なる電子が2つずつ入るので，窒素分子の14の電子の中で，8つまでが入ることになる．その次は窒素原子の2p軌道に電子が入ることになるが，2p軌道には異なる磁気量子数$m_l = 0$, $m_l = 1$, $m_l = -1$をもつ3つの状態がある．2p軌道（$m_l = 0$）はz軸方向を向いており，p_z軌道と表記する．また，原子同士の結合を考える場合，$m_l = 1$と$m_l = -1$の軌道の線形結合を考える．ひとつはこれらを足して，x軸方向にダンベル型になったもの，もう1つはこれらを引いて，y軸方向にダンベル型になったものの2つができ，これらをそれぞれp_x, p_y軌道とよぶ．2つの窒素原子が近づくとき，p_z軌道同士が互いに同じ位相で近づくと，強め合いが生じて，$2\mathrm{p}\sigma_g$軌道になる．次に，p_x軌道同士が同じ位相で重なると考えると，これらは，$2\mathrm{p}\pi_u$軌道となる．p_y軌道についても同様で，分子軸まわりに90度回転させればp_x軌道と同じになり，同じく$2\mathrm{p}\pi_u$軌道ができる．すなわち，$2\mathrm{p}\sigma_g$軌道に電子が2つ，$2\mathrm{p}\pi_u$軌道に計4つで，14の電子がすべて配置されることになる．光電子分光法によると，$2\mathrm{p}\sigma_g$軌道が最高被占軌道（Highest occupied molecular orbital：HOMO），つまりエネルギーが一番高い軌道であり，$2\mathrm{p}\pi_u$軌道がその1つ下のエネルギーに位置するHOMO-1，$2\mathrm{s}\sigma_u$軌道がHOMO-2とよばれる分子軌道になる．

また，p_z軌道が互いに位相を逆にして近づく場合には，原子核の間に波動関数の節がある$2\mathrm{p}\sigma_u$軌道となり，反結合性の励起状態の軌道となる（図には示していない）．一般に，電子が反結合性の軌道に励起されると，分子は解離することになる．実際にどの励起状態が解離性であるかは，それぞれの場合に応じて，分子軌道計算が必要である．このように，分子の中の電子構造・電子配置を考える上で，波動関数（分子軌道）の広がり（密度分布）だけでなく，振幅の正負の符号（対称性）が重要となる．

実際の分子では，電子や核の運動は互いに影響を及ぼし合っている．また，多電子間の相互作用（電子相関）も化学反応の進行に重要である．化学反応では，核の運動とともに，これらの電子配置が大きく変わる場合がある．このように，化学反応を理解するには，ボルン・オッペンハイマー近似や，1 電子近似を超えた取り扱いが必要になる．

2.4 量子ダイナミクス

第 1 章で，電子はぐるぐると核のまわりをまわるという，古典的な軌道をもつモデルでは表されないということを記した．これは，ある時刻 t のときに，その時刻での位置と運動量とを同時に測定できず，また微少な時間 Δt 後の位置と運動量が予測できないということを表している．そのため電子が運動するというモデルの代わりに，その自乗が確率分布を表す波動関数を用いて，電子がそこに存在するという波動関数モデルで表す，ということを述べた．では，量子力学を用いて，電子や分子の運動（ダイナミクス）を表すにはどうすればよいであろうか？

2.1 節で，時間に依存しないシュレーディンガー方程式を用いて，電子波動関数（固有関数）がどのように与えられるかを記した．実はポテンシャルが時間に依存しない場合でも，波動関数（原子軌道や分子軌道）は時間がたっても変わらないのではなく，位相が変化している．時間に依存するシュレーディンガー方程式は

$$\mathrm{i}\hbar\frac{\partial}{\partial t}\Psi(\boldsymbol{r},t) = H\Psi(\boldsymbol{r},t) \tag{2.3}$$

となるが，この式と，時間に依存しないシュレーディンガー方程式

(2.1) を用いると，時間依存を含んだ波動関数は

$$\Psi(\boldsymbol{r}, t) = \Psi(\boldsymbol{r}) \exp\left(-\mathrm{i}\frac{E}{\hbar}t\right) \tag{2.4}$$

と書ける．すなわち，波動関数のエネルギー固有値 E に応じて，複素平面内を角速度 $\omega = E/\hbar$ でぐるぐると回っている exp の項が，定常状態の波動関数 $\Psi(\boldsymbol{r})$ に掛けられていることになる．エネルギーが大きいほど，速い角速度で複素平面内を回転する．一方，式 (2.4) の $\Psi(\boldsymbol{r}, t)$ の自乗をとると，exp の項は複素共役の掛け算になるので，式 (2.5) のように時間変化する項は消えてしまう．

$$\begin{aligned} |\Psi(\boldsymbol{r}, t)|^2 &= \left[\Psi(\boldsymbol{r}) \exp\left(-\mathrm{i}\frac{E}{\hbar}t\right)\right]\left[\Psi(\boldsymbol{r})^* \exp\left(\mathrm{i}\frac{E}{\hbar}t\right)\right] \\ &= |\Psi(\boldsymbol{r})|^2 \end{aligned} \tag{2.5}$$

このことから，電子の確率分布は時間によって変化しないことがわかる．これが波動関数の定常状態という意味でもある．

それに対して，化学反応では分子構造の変化を伴い，また電子波動関数も変化すると考えられる．これらの時間変化（量子ダイナミクス）を記述するには，「定常状態のシュレーディンガー方程式の解である固有関数（定常状態の波動関数）を重ね合わせる」ことを行う．

例えば，基底状態（$v = 0$）の波動関数 $\Psi_0(x)$ と次の励起状態（$v = 1$）の波動関数 $\Psi_1(x)$ は，図 2.4（a）のように表されるとし，2 つの状態のエネルギー差を ΔE とする．これらの波動関数は，時間に依存しないシュレーディンガー方程式の解（定常状態の波動関数・固有関数）である．ここで，幅広いバンド幅をもつ光や，後述のトンネルイオン化過程などにより，両方の波動関数が同時に励起されたとすると，全波動関数は

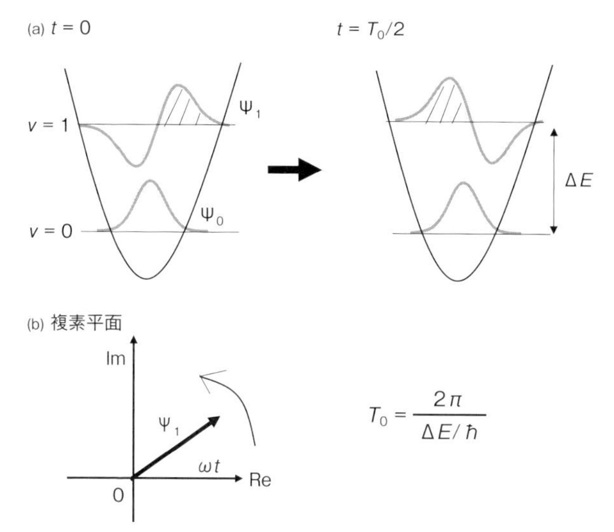

図 2.4 (a) 波動関数の時間発展の例. $v=0$ のエネルギーを 0 としている.
(b) 複素平面での波動関数の時間発展の表現.

$$\Psi(x,t) = \Psi_0(x) + \Psi_1(x)\exp\left(\mathrm{i}\frac{\Delta E}{\hbar}t\right) \tag{2.6}$$

と表される. この式では基底状態のエネルギーを 0 にしている. 周期を $T_0 = 2\pi/\omega = 2\pi\hbar/\Delta E$ とすると, 半周期後には, 励起状態の波動関数は図 2.4 (a) の左の状態から右の状態に変わり, 基底状態の波動関数との重ね合わせ状態である $\Psi(x,t)$ も, それに応じて変化する. この励起状態の波動関数の時間発展は, 図 2.4 (b) に表されるように, 複素平面内での回転とみなすことができる. このときの波動関数 $\Psi(x,t)$ の自乗は

$$|\Psi(x,t)|^2 = |\Psi_0(x)|^2 + |\Psi_1(x)|^2 + 2\Psi_0(x)\Psi_1(x)\cos\left(\frac{\Delta E}{\hbar}t\right) \tag{2.7}$$

となり，コサインの項が t の関数であるため，時間変化（時間発展）する．これが古典的な運動に対応するものとなる．このような「固有関数を重ね合わせてつくった波動関数」は，しばしば**波束（wave packet）**とよばれる．例えば，振動波動関数・電子波動関数からなる場合は，それぞれ振動波束・電子波束などとよばれる．

図 2.5 に，計算された調和振動子の場合の振動波束運動を例として示す．時間が経過すると，確率分布 $|\Psi(x,t)|^2$ が左右に動いているのがわかる．振動波束運動の 1 周期が，古典的な振動運動（分子を古典的な質点とみなしたとき）の 1 周期に対応する．水素分子イオンなどの実際の系では，振動エネルギーが大きくなると非調和性が大きくなるので，その振動波束運動は複雑になる．

なお，調和振動子の量子数 v での振動波動関数とエネルギーは

$$\begin{aligned}\Psi_v(x,t) &= N_v H_v \exp\left(-\frac{x^2}{2a}\right)\exp\left(-\mathrm{i}\frac{E_v}{\hbar}t\right) \\ E_v &= \hbar\sqrt{\frac{k}{m}}\left(v+\frac{1}{2}\right)\end{aligned} \tag{2.8}$$

と表される．ここで $a = \hbar/\sqrt{mk}$ であり，m は質量，k はばね定数，E_v はエネルギー，N_v は規格化定数，H_v はエルミート多項式とよばれる関数である．$v = 0$ のときは $H_0 = 1$ となるので波動関数はガウシアンになる．$v = 1$ のときは $H_1 = 2x/a$，$v = 2$ のときは $H_2 = 4(x/a)^2 - 2$ となる．

振動波束の時間発展の例として，筆者らが測定した分子の解離に伴う振動波束の時間発展を示す [3]．図 2.6 は重水素分子（D_2）の

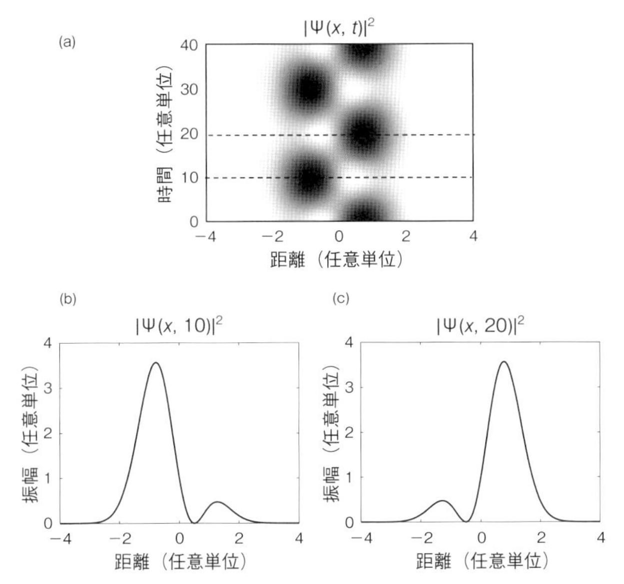

図 2.5 (a) $v=0$ と $v=1$ の振動波動関数を重ね合わせたとき（振動波束）の確率分布 $|\Psi(x,t)|^2$ の時間発展．濃淡が濃いほど，確率が大きい．(b) (a) の時刻 $t=10$，(c) 時刻 $t=20$ での確率分布．

ポテンシャルカーブと，光イオン化過程と重水素分子イオン D_2^+ の解離過程を表している．この実験では，パルス幅が 8 フェムト秒（1 フェムト秒 $=10^{-15}$ 秒）の高強度の赤外レーザーパルスを 3 つに分けて用いる．まず，1 つ目のレーザーパルスで重水素分子をトンネルイオン化 (3.3 節参照) し，重水素分子イオン D_2^+ を生成する．このとき，重水素分子と重水素分子イオンとでは，ポテンシャルカーブがもっとも低くなった位置が異なるので，トンネルイオン化過程により，重水素分子イオンの振動波動関数がいくつか同時に励起さ

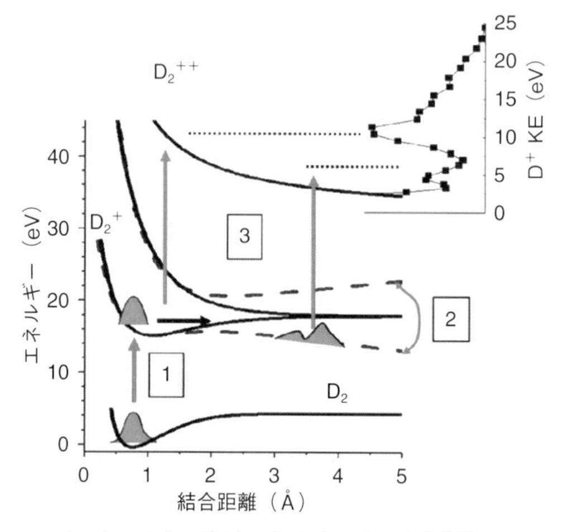

図 2.6　重水素分子の光イオン化と解離過程 [3]

れ，振動波束が D_2^+ の電子基底状態（下から 2 番目の実線）に生成する．生成した振動波束は D_2^+ の基底状態のポテンシャルカーブ上を運動する．振動波束が核間距離の長いところに来たときに，2 つ目のレーザーパルスを照射すると，基底状態と励起状態（下から 3 番目の実線）がカップリングし，D_2^+ の電子基底状態のポテンシャルカーブが押し下げられ（下側の破線），振動波束は解離できるようになる（結合距離の長い方向に移動する）．最後に，3 つ目のレーザーパルスで D_2^+ をイオン化し，D_2^{++} を生成する．D_2^{++} は電子をもたないので，核のクーロン反発により解離する．解離した D^+ の運動エネルギー（KE）を測定することで，どの結合距離で解離したのかがわかる．

この実験は，ポンプ（振動波束の生成）・コントロール（解離過程の制御）・プローブ（振動波束の検出）で構成される．なお異なるタイミングで2番目のレーザーパルスを照射すると，分子解離の確率を制御することができる．

図2.7に，測定された振動波束運動と，それに対応する $|\Psi(x,t)|^2$

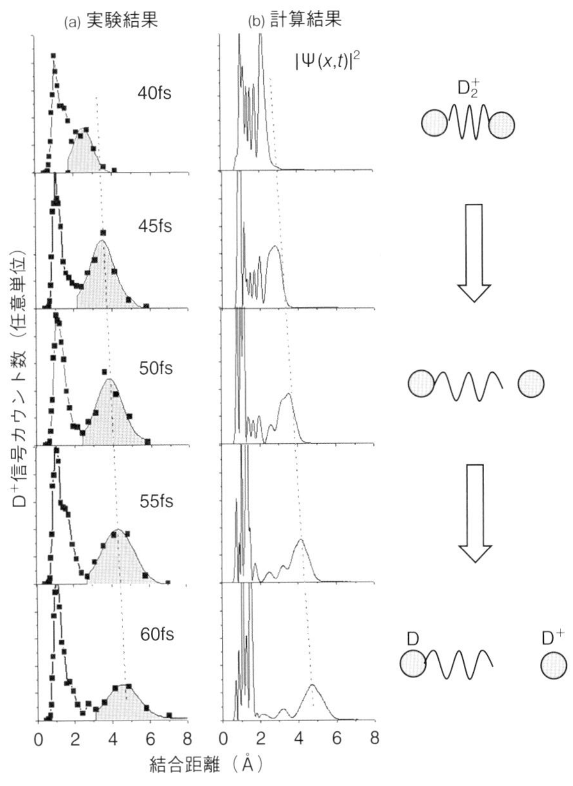

図2.7　(a) 重水素分子イオンの解離に伴う振動波束の変化．レーザー電場によって生成した"遷移状態"を通過して解離するときの時間分解・振動波束イメージング [3]．(b) $|\Psi(x,t)|^2$ の計算結果 [3]．

を計算した結果を示す．分子振動が開始してから 40〜60 フェムト秒までの間の変化を5フェムト秒ごとに測定している．40 フェムト秒のときは，振動波束は分かれていないが，時間が経過するにつれて，分子の束縛状態に残る成分と，結合距離の大きな方向に進行していく振動波束（解離していく成分）とに分かれる．古典的には「分子は切れるか切れないか」の2通りしかないが，量子力学では，「解離しない場合と解離する場合との確率分布」となる．このように，1つの波束（波動関数）が2つに分離していくという現象は，第4章で扱うトンネルイオン化過程でも見られる．

図 2.6 の重水素イオン D_2^+ のレーザー電場中でのポテンシャルエネルギー（下側の点線）を見ると，およそ 2 Å くらいのところが，切れるか切れないかの遷移状態になっている．この実験結果は分子解離に伴う遷移状態を通過するときの，振動波束のイメージングとなっている．

コラム4

波動関数と化学反応

波動関数（原子軌道，分子軌道）は分子の構造や化学反応を考える上で重要な役割を果たしている．例えばメタン分子（CH_4）が正四面体構造をとる理由は，以下のように説明される．炭素原子の 2s 軌道と 2p 軌道とが混成して sp_3 混成軌道とよばれる軌道になる．その 4 つの等価な“軌道の腕”の先に，それぞれ水素原子の電子波動関数が結合することによってメタン分子となる．

また，化学反応では，求核置換反応や求電子置換反応とよばれる反応などのように，分子中の電子密度（分子軌道の自乗）の偏りで説明されるものがある．一方，Diels-Alder（ディールズ・アルダー）反応のように，分子軌道の位相（符号の違い）が化学反応の選択性に重要な役割を果たしているものがある．基本的な原理は，図 1.4 で説明したように，波動関数の同位相（同じ符号）の部分が近づくと結合し，逆の位相（逆の符号）の部分が近づいても結合性にならないというものである.

例えばエチレン（C_2H_4）と 1, 3–ブタジエン（C_4H_6）とが反応して，シクロヘキセン（C_8H_{10}）が合成される反応を考える．図のように，1, 3–ブタジエンの最高被占軌道（HOMO）とエチレンの最低空軌道（Lowest unoccupied molecular orbital：LUMO）では，それぞれ分子の端にある軌道が重なるため，反応が進行する（図（a））．一方，1, 3–ブタジエンを LUMO に光励起すると，軌道が逆位相となり打ち消し合うので，反応が進行しない（図（b））．

このような軌道の対称性を用いた化学反応の説明は，R. B. Woodward と R. Hoffman によってなされ，ウッドワード・ホフマン則とよばれている．また分子軌道の中で，HOMO と LUMO のように反応性の高い軌道のことをフロンティア軌道といい，福井謙一博士によって研究された．これらの研究により，1981 年に福井博士と Hoffman 博士がノーベル化学賞を共同受賞している．このような化学反応中で起こる分子軌道の変化を位相を含めて可視化することは，化学反応研究の大きな目標であり，アト秒科学の方法などにより実現されることが期待される．

（新倉弘倫）

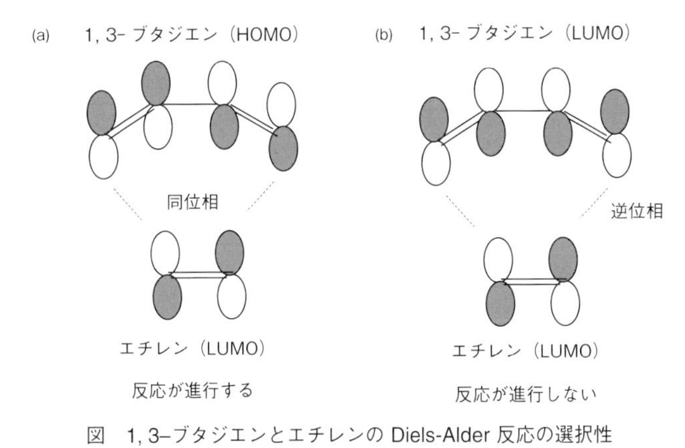

図 1, 3–ブタジエンとエチレンの Diels-Alder 反応の選択性

第3章

アト秒への道

3.1　なぜアト秒へのブレークスルーが困難だったか

諸行無常の言葉通り，我々の身のまわりの物質や我々自身は，常に姿を変えたり，運動したりしている．我々の眼には見えない速い現象も，さまざまな測定方法を用いることで，観測できるようになる．図 3.1 は，走り去る新幹線の写真である．シャッタースピードが遅い場合（77 ミリ秒，ms）では新幹線の姿がぼやけているが，シャッタースピードを 0.5 ms まで速くすると，新幹線の窓もはっきりと写真に写るようになる．このように，より速い時間分解能で測定することで，見えなかった物質の詳細な姿やその変化がわかるようになる．

上記の例ではカメラのシャッターが開いている時間を短くしたが，それだけでは化学反応や，電子ダイナミクスを測定することは困難である．速く変化する分子や電子の姿を捉えるには，瞬間的に光るレーザーパルスや，パルス状になった電子（電子パルス）が用いられる．これらのレーザーパルスや電子パルスを物質に当て，その後に起こる現象を観測することで，短い時間で起こる現象が測定される．レーザーパルスや電子パルスのパルス幅が短くなると，それだけ短い現象を測定できると期待される．

図 3.2 (a) に，達成された最短のレーザーパルス幅と，年代との関

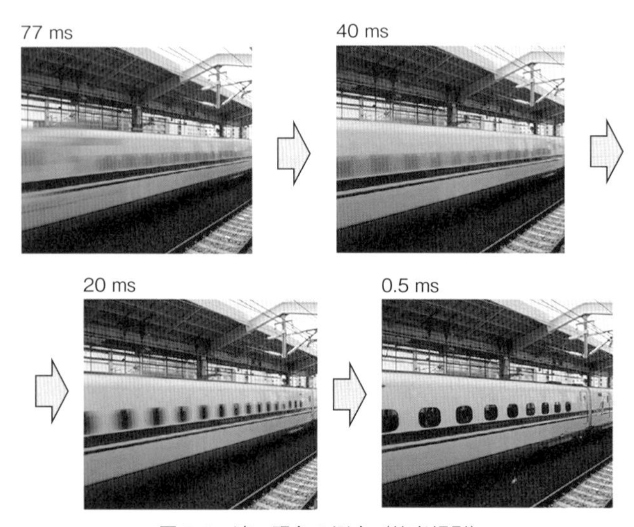

図 3.1　速い現象の測定（筆者撮影）

係図を示す [4]．1960 年代後半には，10 ピコ秒（1 ピコ秒 $= 10^{-12}$ 秒）のパルス幅をもつパルスレーザーが開発された．これらのピコ秒，またナノ秒（1 ナノ秒 $= 10^{-9}$ 秒）のレーザーは，光を当てた後に発光する蛍光の寿命測定などに用いられている．その後，1980 年代半ばまでに，最短のレーザーのパルス幅は 10 フェムト秒を下回るようになった [5]．フェムト秒のレーザーパルスを用いて，分子が解離する様子や，分子の構造変化・異性化などが測定され，1999 年に Ahmed Zewail 博士がノーベル化学賞を受賞した [6]．

レーザーポインタなどで使われるレーザーはほぼ単色（ある特定の波長のみを含む）であるが，フェムト秒レーザーは，幅広い波長にわたって発振している．特にレーザー技術の発展に大きなインパクトがあったのが，チタンサファイア結晶によるレーザー発振であ

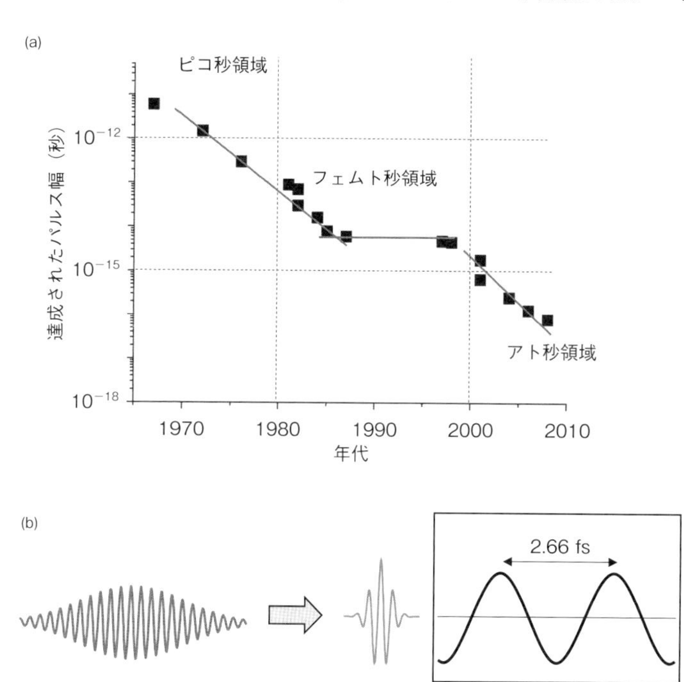

図 3.2　(a) 達成されたレーザーのパルス幅と年代（文献 [4] を基に作成）.
(b) パルス幅の圧縮の説明図.

る [7]．チタンサファイアを，緑色のレーザーでポンプ（励起）することで，約 760〜840 nm くらいのスペクトルバンド幅をもつレーザーパルスが発生する．フーリエ変換の関係から，スペクトル領域でのバンド幅が広いと時間領域のパルス幅は短くなり，フェムト秒の領域になる．さらにこの原理を利用することで，すなわちスペクトル領域のバンド幅を広げて，それぞれの波長ごとの位相を制御することで，短いパルスをつくることができる．1990 年代後半には，光ファイバーの中に強いレーザーパルスを通してバンド幅を広げ，チャープミラーとよばれる波長分散を制御する特殊なミラーで，高強度で数サイクルしか振動しない（5フェムト秒程度）の短いパルスが作り出された[8].

一方，このような波長分散を制御することによるパルス圧縮法では，1フェムト秒のバリアを破って，アト秒の時間領域に入ることは困難だった．例えば中心波長800 nmのレーザーパルス場合，レーザー電場の1周期が約2.66フェムト秒になる（図3.2（b））．レーザー電場は1つのパルスの中で，この周期で振動している．パルス幅を短くすることは，1パルスに含まれる電場が振動する回数を減らすことである．しかし，紫外〜赤外領域のレーザー電場では，電場が1回振動するのに要する時間がすでにフェムト秒の領域なので，赤外〜可視光を用いた場合には，アト秒にはこの方法では到達できないことになる．一方，極端紫外光など波長の短いレーザーパルスを生成すれば，電場が1回振動する時間が短くなるので（例えば波長80 nm = 15.5 eVなら，その電場1周期は266アト秒になる），アト秒領域に到達することになる．しかしアト秒科学以前，またX線自由電子レーザー（X-FEL）[9]の開発以前は，極端紫外〜軟X線領域のレーザーパルスを作成することは困難だった.

その主な理由は以下の通りである．アト秒科学が発展するまでの従来の方法で，赤外光を用いて波長の短いレーザーをつくる方法に，非線形光学結晶を用いるという方法がある．例えばβ−BBOとよばれる結晶に800 nmのレーザーを通すと，波長が半分（エネルギーは倍）の400 nmの光が発生する．これは第2次高調波とよばれる．次に，800 nmと400 nmのレーザーパルスを別な非線形結晶に通すと，266 nmの光（第3次高調波）が発生する．しかし，波長がさらに短くなると，(1) 光が結晶を透過しなくなる，(2) 次数が上がることに変換効率が下がるという問題があり，極端紫外領域までの到達は困難だった．このような理由により，アト秒へのブレークスルーのためには，新しい考え方に基づく，新しい方法が必要だった．

コラム5

時間領域と起こる現象

それぞれの時間領域には，それぞれ特徴的に起こる現象がある．物質に光を当てたときに生じるりん光の寿命は，マイクロ秒の領域である．同様に，物質に光を当てたときに生じる蛍光の寿命は，ナノ秒からピコ秒の領域である．これらのりん光・蛍光とは，光によって物質が励起され，それにより得たエネルギーを光として放出する発光過程である．（詳しくは，りん光は電子が励起三重項状態から一重項に遷移する場合，蛍光は一重項から一重項への遷移に伴って，放出される場合に相当する．）例えば 1986 年に，京都工芸繊維大学でピコ秒レーザーを用いて，顕微鏡下で異なる位置から放出された，時空間を分けたナノピコ秒蛍光寿命測定法が開発された [10]．これは顕微鏡下での蛍光寿命測定の最初期の研究例であるが，このような蛍光寿命マイクロスコープは，現在でも生化学の研究に頻繁に用いられている．またピコ秒では，分子の回転波束の運動がその時間領域になる．分子は古典的な物質のように回転するわけではないが，分子を古典的な質点系であるとみなすと，窒素分子などの回転周期は十数ピコ秒の領域になる．

分子の振動波束運動や分子中の原子の組み換えを伴う化学反応は，フェムト秒（fs）の領域で起こる．例えば水素分子イオンの振動 1 周期は，水素原子を古典的な質点とみなすと，約 16 フェムト秒程度である．アト秒（as）時間では，

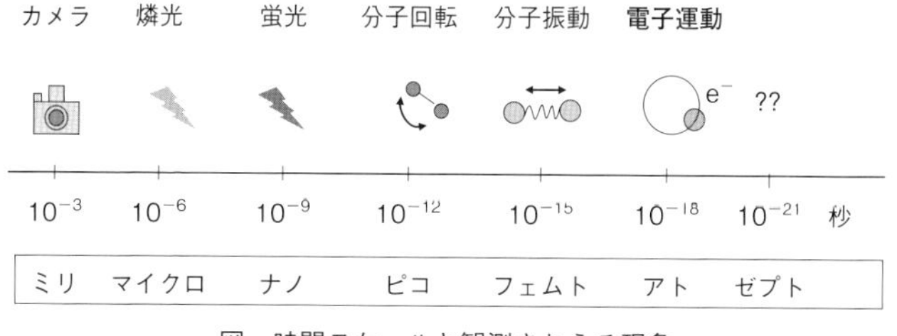

図 時間スケールと観測されうる現象

分子の構造変化が起こるよりも速い時間で，電子ダイナミクスを測定することができることになる．

アト秒の次の単位は，ゼプト秒（Zepto, zs, 1 ゼプト秒＝10^{-21} 秒）である．ゼプト秒で起こる現象は，後述の高次高調波分光とよばれる方法で，2010 年にカナダのグループにより，450 ゼプト秒の何らかの事象が観測されている [11]．

（新倉弘倫）

3.2　閾値以上イオン化過程（ATI）と高次高調波（HHG）の発見

1980 年代には，図 3.2（a）に示したように 10 フェムト秒より短いレーザーパルスが発生された [5]．一方，より短いパルスをつくろうとする研究に加えて，強度の大きなレーザーの発生や，それを用いた物質との相互作用の研究も行われた．レーザー電場の強度が弱いときは，1 光子遷移（レーザーの波長によって決まる光子 1 つに相当するエネルギー $E = hc/\lambda$ だけの遷移，800 nm なら 1.55 eV）しか生じないが，レーザー電場の強度が大きくなると，2 光子分，例えば 800 nm の場合なら $1.55\,\mathrm{eV} \times 2 = 3.1\,\mathrm{eV}$ 分だけのエネルギーで励起できるようになる．これを 2 光子遷移という．または一般的に，多光子過程とよばれている．また，1 光子分の遷移を与える波長をもつレーザー電場を基本波という．

さらにレーザー電場の強度が大きくなると，基本波の 10 光子分，11 光子分などを吸収し，例えばアルゴン原子などの第一イオン化エネルギー（15.75 eV）を越えてしまう．この場合，アルゴン原子からは電子が放出される．ところが，レーザー電場の強度が強い場合には，アルゴン原子からイオン化した電子が，さらに光子を吸って，エネルギーをもらうという現象が発見された．このような過程を，閾値以上イオン化過程（Above threshold ionization：ATI）とよぶ（図 3.3（a）. 黒い矢印は 1 光子分の吸収を表す）[12]．このとき，放出された電子のエネルギー（光電子スペクトル）を測定すると，イオン化閾値（イオン化ポテンシャル）以上に吸った光子の分だけ，とびとびになる．

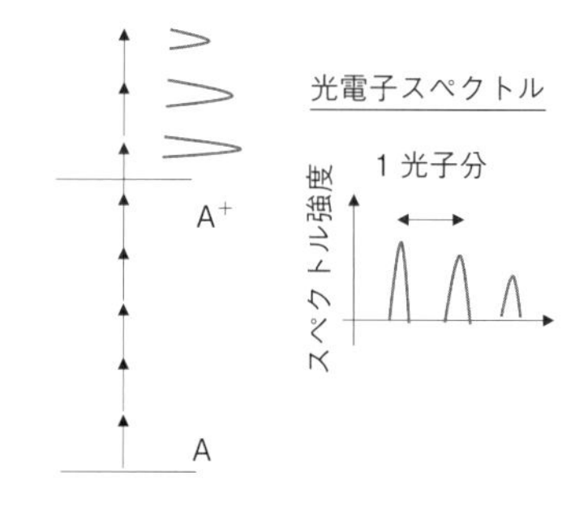

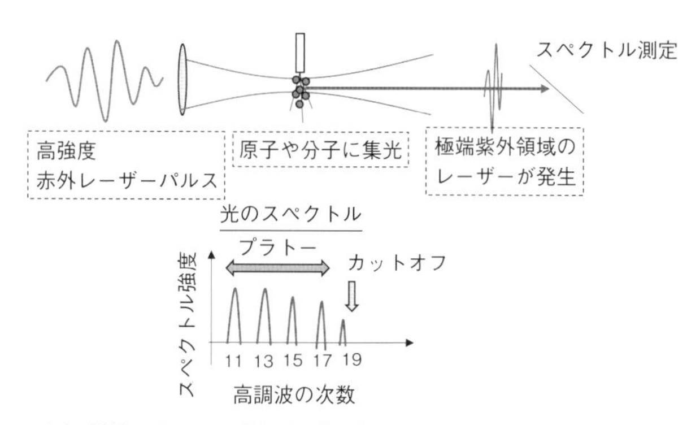

図 3.3　（a）閾値以上イオン化過程（ATI）．A は中性の原子・分子，A^+ はそのイオン化状態．（b）高次高調波発生過程と，そのスペクトルの特徴．

次に，Anne L'Huillier 博士を含むグループによって，高次高調波発生（High-harmonic generation：HHG）とよばれる現象が発見された[13]．1988 年に発表された論文では，ピコ秒の Nd:YAG レーザー（1034 nm）をキセノンやアルゴンなどの気体に集光すると，もともとの YAG レーザー（基本波）の波長よりも，何倍も短い波長の光が発生することが示されている．放出された光のエネルギー（スペクトル）を測定すると，基本波の波長の 1/7, 1/9 など（基本波の光エネルギーの 7 倍，9 倍などの奇数倍）のとびとびのピークが極端紫外領域まで伸びていることが観測された．これらの基本波の n 倍のエネルギーをもつ光の成分のことを第 n 次高調波とよぶ．n が高い値をもつため，発生した光は**高次高調波**とよばれている．

高次高調波のスペクトルには，(1) 基本波のエネルギーの奇数倍（奇数次）しか観測されない，(2) 次数が上がっても，強度が大きくは変わらない（プラトー領域をもつ），(3) あるところで急に強度が下がる（カットオフ領域をもつ），という 3 つの特徴がある（図 3.3 (b)）．前出の閾値以上イオン化過程（ATI）では，基本波の偶数倍・奇数倍の光エネルギーでイオン化された電子が放出されるが，高次高調波は基本波の奇数倍のエネルギーをもつ光（奇数次高調波）のみが発生する．また，非線形光学結晶を用いた波長変換などでは，一般に次数（エネルギー）が上がるとその強度は急激に減少するのが普通であるが，高次高調波の場合は，次数が上がっても強度があまり変わらず，ある次数で急激に強度が下がる．高次高調波発生のメカニズムは従来の理論では説明できなかったため，これらの特徴をもつ高次高調波の発生過程を説明するための理論が必要になった．

3.3　三段階モデルとアト秒測定法の提案

1993 年にカナダの Paul Corkum 博士が三段階モデルとよばれるアト秒科学の基礎となるモデルを発表した [14]．このモデルは，高次高調波のスペクトルの特徴を説明するだけでなく，アト秒科学の基礎にもなっている．また，1994 年には Corkum 博士らにより，単一アト秒パルスの発生方法が提唱された [15]．さらに，1997 年に「電子ストリーク法」という「アト秒パルスのパルス幅を測定する方法」についてのアイデアも提案された [16]．この方法はパルス幅だけでなく，アト秒で起こる現象の測定にも使われている．また三段階モデルは，4.4 節で説明するように，アト秒再衝突電子法やレーザー電場 1 周期以内のダイナミクス（Sub-laser-cycle dynamics）という新たな方法の基本ともなっている．

三段階モデルとは，高強度レーザー電場中に原子・分子などが置かれた場合の，電子の振る舞いを半古典的に表したモデルである（図 3.4）．本来は連続して起こる物理現象を，その特徴に注目することで，3 つの過程に分けて考える．まず，レーザーパルスのなかのある電場 1 周期に注目する．例えば 800 nm のレーザーパルスの場合，1 周期は約 2.66 フェムト秒である．図 3.4 のように，電場 $E(t)$ はコサイン関数で変動するものとする．

1 段階目：トンネルイオン化過程

原子に存在している電子は，核からのクーロン力を受けており，核がつくるポテンシャル $U(r)$ の中に閉じ込められている（図 3.5 (a)）．簡単のため，1 次元（座標 x）を考える．ここに直線偏光のレーザーパルスが照射されると，電子の感じるポテンシャルは核からの寄与とレーザー電場からの寄与との合成ポテンシャル $U(x) - xeE(t)$ と

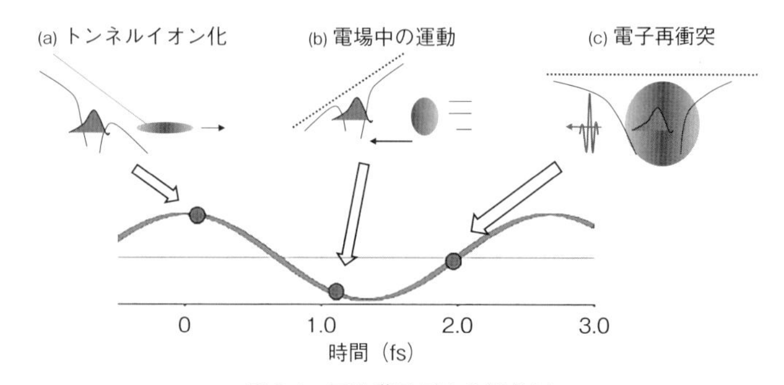

図 3.4　三段階モデルの概念図
（a）トンネルイオン化過程，（b）レーザー電場中の電子の運動，（c）電子再衝突過程．原子（分子）中の電子波動関数の一部がイオン化され，それが戻ってくる様子を表す．

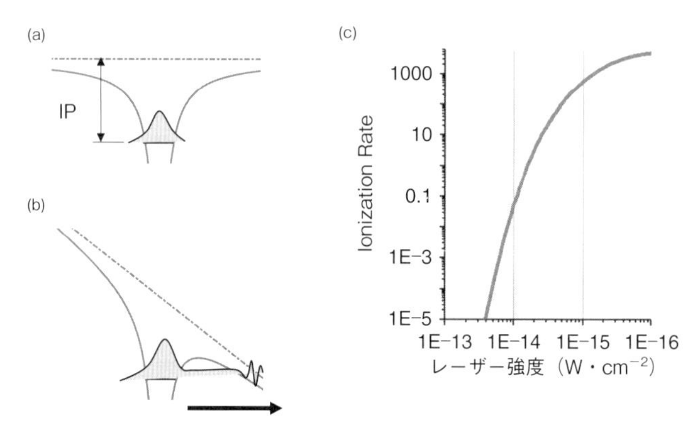

図 3.5　（a）レーザー電場強度が 0 のときの電子が感じるポテンシャルと電子波動関数の模式図．IP はイオン化エネルギー（イオン化ポテンシャル）を表す．（b）レーザー電場（$\sim 10^{14}$ W・cm^{-2}）が加わったときのポテンシャルの模式図．電子波動関数の一部がトンネルイオン化する．（c）トンネルイオン化の起こりやすさ（Ionization rate）[4].

なり，図 3.5（b）のように右側のポテンシャルの一部が押し下げられる（e は電荷素量である）．すると中に閉じ込められている電子は，ポテンシャルの障壁をトンネル（透過）して，外に放出（イオン化）することができる．これを**トンネルイオン化過程**という．古典力学ではポテンシャル障壁を抜けることはできないが，量子力学では，このようなトンネル効果が起こりうる．

トンネルイオン化の起こりやすさの計算には，様々なモデルが用いられるが，特に論文の著者の名前をとって，ADK モデルとよばれるモデルが有名である [18]．図 3.5（c）に，計算されたトンネルイオン化の起こりやすさ（Ionization rate）の例を示す．横軸はレーザーパルスの強度である．このことから，トンネルイオン化確率はレーザー電場の強度が大きくなると，非線形的に増大することがわかる．ある程度以上レーザー電場の強度が大きくなると，ポテンシャル障壁がイオン化エネルギーよりも下がり，すべての電子波動関数の成分がイオン化してしまうため，トンネルイオン化過程は起こらなくなってしまう（障壁抑制イオン化，Barrier-suppression ionization：BSI）．高次高調波発生には，波動関数の一部が束縛状態に残っていることが必要であるため（4.5 節参照），トンネルイオン化が効率よく起こるが，BSI は起こらないという，10^{14} W $\cdot$ cm^{-2} 程度の強度が必要である．

このように，トンネルイオン化過程はレーザー電場の強度に対して非線形的な確率で生じるため，レーザー電場の強度がピークから少し弱くなると，ポテンシャルのバリアが厚くなり，トンネルイオン化の確率は急激に下がる．すなわちトンネルイオン化過程は，レーザー電場の強度が強くなる各電場周期のピーク付近（図 3.4 では 0, 1.33, 2.66 フェムト秒付近）のみの，数百アト秒の時間領域でのみ効率よく生じることになる（これは 4.2 節で説明するアト秒測定法により実測されている [19]). 電場強度は1周期の間に2回，ピークをもつので，800 nm のレーザー電場の場合には，その半周期の 1.33 フェムト秒ごとにトンネルイオン化が生じる.

2段階目：レーザー電場中の電子の運動

トンネルイオン化した電子は，まだレーザー電場中にある．最も簡単な近似では，核からのクーロン場を考えずに，レーザー電場中での電子の運動のみを考える（強電場近似，Strong-field approximation：SFA）[20]．この過程はシーソーに乗っかったボール（電子）を考えればわかりやすい．800 nm の波長のレーザーパルスの場合，レーザー電場は 2.66 フェムト秒周期で振動しているが，これは，シーソーが 2.66 フェムト秒周期で上がったり下がったりするのに対応している．あるタイミング t_0 でトンネルイオン化により放出された電子は，レーザー電場によるポテンシャルの傾き（シーソーの傾き）が傾いた方に加速されていくが，徐々にポテンシャル（シーソー）の傾きはゆるやかになり，平らになって，今度は逆方向に傾く．すると電子は減速していき，そのうち逆向きに運動し始め，もともと電子が放出された原子に向かって加速されていく．その後，レーザー電場の1周期以内に，この加速された電子は，もといた原子と衝突する.

このようなレーザー電場中の電子の運動は，古典的なニュートン方程式を使って記述することができる．実際にはトンネルイオン化によって，レーザー電場の各周期のピーク付近で電子波束が連続的に生じているが，ここでは電子がトンネルイオン化する時刻 t_0 ごとに，古典的トラジェクトリとして分けて考える．レーザーは電磁波であるので電場と磁場を含むが，トンネルイオン化が起こるような強度（$\sim 10^{14}\,\mathrm{W\cdot cm^{-2}}$）では電場のみが大きく寄与するため，磁場の影響は無視する．電子の1次元上での運動を表すニュートンの運動方程式は，m を電子の質量，ω をレーザー電場の角振動数，$E(t) = E_0 \cos(\omega t)$ をレーザー電場，$V(t)$ を時刻 t での電子の速度として，以下のように表される．

$$m\frac{dV(t)}{dt} = eE(t) = eE_0 \cos(\omega t) \tag{3.1}$$

右辺は電場によるローレンツ力（$\mathbb{F} = e\mathbb{E} + e\mathbb{V} \times \mathbb{B}$）を1次元で考えて，かつ磁場を $\mathbb{B} = 0$ にしたものである（白抜き文字はベクトルを表す）．

この運動方程式を，初期状態をトンネルイオン化時刻 t_0 として解くと，時刻 t での電子の速度 $V(t)$ と位置 $X(t)$ は

$$V(t) = \frac{eE_0}{m\omega}[\sin(\omega t) - \sin(\omega t_0)] \tag{3.2}$$

$$X(t) = -\frac{eE_0}{m\omega^2}[\cos(\omega t) - \cos(\omega t_0)] - \frac{eE_0}{m\omega}\sin(\omega t_0)(t - t_0) \tag{3.3}$$

となる．ここで，トンネルイオン化時の位置 $X(t_0)$ と初期速度 $V(t_0)$ を0と近似している．なお実際には初期速度があり，そのためにイオン化後の電子波束は広がる (4.4節参照)．

図3.6に，レーザー電場と，いくつかのトンネルイオン化時刻 t_0 のときの電子のトラジェクトリ $X(t)$ を示す．レーザー電場のピーク強度を $I = 1.5 \times 10^{14}\,\mathrm{W\cdot cm^{-2}}$，波長を $800\,\mathrm{nm}$ としている．このとき，$E_0 = 3.4 \times 10^{10}\,\mathrm{V\cdot m^{-1}}$，$\omega = 2.35 \times 10^{15}\,\mathrm{s^{-1}}$ となる．図のトラジェクトリ α は，ちょうど $t_0 = 0$ でイオン化したときに対応しているが，電子はレーザー電場の1周期後の約2.66フェムト秒後に原子に戻ってくる（$X(t) = 0$ になる）ことがわかる．少し

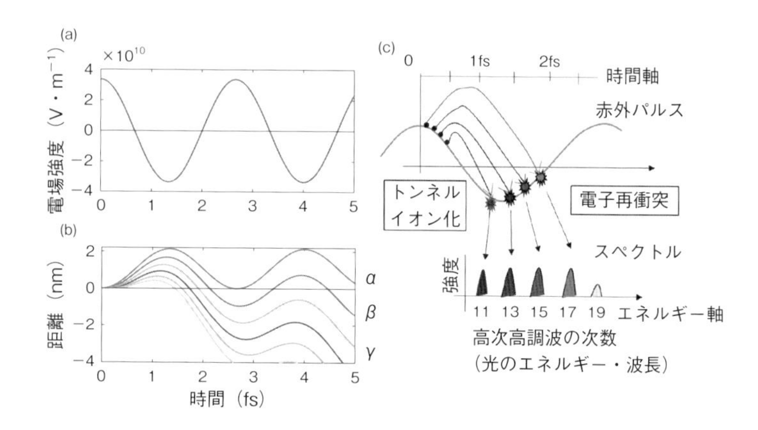

図 3.6　(a) レーザー電場．(b) 異なるイオン化時刻でイオン化した電子のトラジェクトリ．(c) 衝突時間と発生する高次高調波の模式図．

ピークよりずれた時刻でイオン化すると，レーザー電場の1周期よりも短い時間で戻ってくる（トラジェクトリ β，γ）．

一方，t_0 がより大きくなると，レーザー電場の強度が下がるので，トンネルイオン化が起こりにくくなる．よって，800 nm の電場の場合，おおよそ $t_0 = 0 \sim 0.3$ フェムト秒程度の領域でトンネルイオン化した電子が，効率よく元の原子に戻ってくることになる．なお t_0 が負になると，電子は元の原子には戻ってこなくなる．

3段階目：再衝突過程

レーザー電場によって加速された電子は，戻ってきて元の原子とぶつかるが，この過程を**再衝突**（Re-collision）とよぶ．再衝突時に，(1) 他の電子と相互作用して，励起・2次イオン化する過程，(2) 電子が散乱される過程，(3) 電子の運動エネルギーが光のエネルギーに変換され，光が放出される過程などが生じうる．(3) の過程により，高次高調波が発生する．

前出の運動方程式を使って，トンネルイオン化時刻 t_0 と再衝突時刻 ($X(t) = 0$ となる時刻) t_c との関係を求めることができる (図 3.7 (a))．また，再衝突時刻 t_c がわかると，そのときの衝突エネルギー $KE(t_c) = 1/2mV(t_c)^2$ を計算できる．計算結果 (図 3.7 (b)) より，再衝突時刻が大きくなると，まず衝突エネルギーが大きくなり，あるところで最大の衝突エネルギーになって，また減少していくことがわかる．

最大の衝突エネルギーはレーザー電場の波長を $\lambda\,[\mu\mathrm{m}]$，強度を $I\,[10^{14}\,\mathrm{W\cdot cm^{-2}}]$ とすると，前出の運動方程式を数値的に解いて $3.2\times U_p = 3.2\times 9.3\times I\times\lambda^2\,\mathrm{eV}$ と計算される．$U_p = (eE)^2/4m\omega^2$ はポンダーモーティブエネルギー (Pondermotive energy) とよば

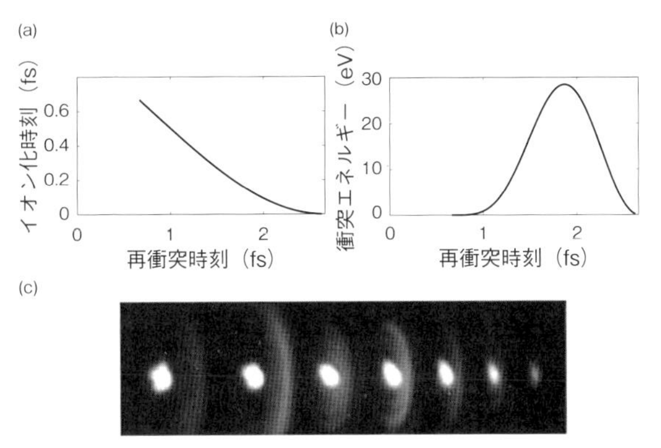

図 3.7 (a) トンネルイオン化時刻と再衝突時刻との関係．(b) 再衝突時刻と衝突エネルギーの関係．(c) 測定された高次高調波スペクトル (著者測定)．

れる量であり，レーザー電場の強度と波長の自乗に比例する．例えば，波長が 800 nm（$= 0.8\,\mu\mathrm{m}$）で強度が $I = 1.5 \times 10^{14}\,\mathrm{W \cdot cm^{-2}}$ のときには，最大の衝突エネルギーは約 28.5 eV となる．

高次高調波は，この衝突エネルギーが光のエネルギーに変換されるときに発生する．原子のイオン化エネルギーを IP とすると，発生する高次高調波の最大の光エネルギー（カットオフエネルギー）は，近似的に最大の衝突エネルギーに IP を足したものになり，$3.2 \times U_p + \mathrm{IP}$ となる [17]．例えば，波長が 800 nm（$= 0.8\,\mu\mathrm{m}$）で，強度が $I = 1.5 \times 10^{14}\,\mathrm{W \cdot cm^{-2}}$ の赤外光をアルゴンガス（$\mathrm{IP} = 15.7\,\mathrm{eV}$）に集光した場合には，高次高調波のカットオフエネルギーは約 44 eV になる．

また，図 3.7 (b) を見ると，同じ衝突エネルギーを与える再衝突時刻（トラジェクトリ）が 2 つあることになる．最初に衝突するほうをショートトラジェクトリ，あとに衝突するほうをロングトラジェクトリという．すなわち，高次高調波もこの 2 つのトラジェクトリによって生成する成分をもちうる．図 3.7（c）は測定された高次高調波のスペクトルの例だが，真ん中に強い強度で見えているスポットがショートトラジェクトリによって生成した高調波，その周囲のリング状の信号は，ロングトラジェクトリによる高調波の干渉である．ロングトラジェクトリは時間がたってから衝突するので，その間に再衝突電子波束が広がり，高次高調波の発生効率はショートトラジェクトリと比較して小さくなる．また，気相ガスに赤外レーザー電場をフォーカスする条件を変えることで，ショートトラジェクトリのみを選択的に発生することができる．

ここで，ショートトラジェクトリのみを実験的に選択したとしよう．再衝突時刻が変わると衝突エネルギーが変化することから，図 3.6（c）に示すようにエネルギーの異なる各高調波は，同じ時刻に発生しているわけではなく，少しずつ異なる時刻（再衝突する時刻）で発生していることになる．すなわち高次高調波は時間とともに波長が変わる，チャープしているパルスである．このチャープをアトチャープ（Atto-chirp）とよぶ．このそれぞれの次数 n での衝突時間のずれ $t_c(n)$ を位相に変換すると $\varphi(n) = t_c(n)\omega_n$ となり，これが各次数でのスペクトル位相に相当する．4.3 節で説明するように，このスペクトル位相がわかると，高次高調波のパルス幅を見積もることができる [21]．また，再衝突時刻と衝突エネルギーとは一対一に対応するが，4.5 節で説明するアト秒測定法では，この関係を利用する．

衝突エネルギーは波長の自乗に比例していることからわかるように，例えば 2000 nm のレーザーを基本波として使うと，同じ強度でも 800 nm の場合と比較して約 6.2 倍の衝突エネルギーが得られる．例えば強度が $I = 1.5 \times 10^{14}\ \mathrm{W \cdot cm^{-2}}$，波長が 2000 nm の場合，最大の衝突エネルギーは約 180 eV にもなり，発生する高次高調波の波長は軟 X 線領域になる．このように，もともとの基本波の波長を長くすると，より短い波長の光を得ることができ，例えばコロラド大のグループなどにより 1 keV を越える高次高調波の発生も確認されている [22]．

なお，最大の衝突エネルギーを大きくするには，レーザー電場の強度をあげればいいではないか？と考えるかもしれない．しかし，高次高調波を発生させるには，「トンネルイオン化が起こるような強度」である必要がある．もしレーザー電場の強度を大きくすると，ポテンシャル障壁が下がりすぎて，障壁抑制イオン化過程が優勢になってしまう．この場合は，高次高調波発生は効率よく起こらない．このように，基本波の強度には制限があるため，「より長い波長で高次高調波を発生する」ことが，軟 X 線などの短い波長の光を発生させるための方法になっている.

この三段階モデルを用いると, 3.2 節で説明した高次高調波の性質は次のように説明される. まず, 図 3.7 (b) に示したように衝突エネルギーは数十 eV の範囲にわたっていて, あるところで最大の衝突エネルギーをもっているため, カットオフが生じる. また, その衝突確率は衝突までの電子波束の広がりとトンネルイオン化確率に依存するが, エネルギーが大きくなってもそれほど大きくは変わらないので, 高次高調波のスペクトル強度もエネルギーが大きくなっても大きくは変わらず, プラトー領域があることになる. (なぜ奇数次のみの高調波をもつのかについては, コラム 8 を参照.)

重要なことは,「電子再衝突が起こっているときのみ」光が発生することである. 図 3.7 (b) からわかるように, 再衝突が生じるのは, レーザー電場の 1 周期以内の時間領域であり, アト秒レーザーパルスが発生することになる. 再衝突電子の時間構造や空間構造については 2002 年に発表されたが, それについては 4.4 節で説明する [17].

ところでトンネルイオン化過程も, 多光子によるイオン化過程も, 同様に高強度のレーザーパルスを試料に当てたときに生じる過程である. この両者はどう異なるのだろうか. 1 つにはレーザー電場の波長が重要である. トンネルイオン化過程は, いわば長波長極限であって, 原子や分子内の電子を揺らさないようにゆっくりと電場が振れる, つまり「レーザー電場の変化に内部の電子が十分に追従する」ときに成り立つ過程である. 一方, 多光子イオン化過程は, レーザー電場の波長が短く, 内部の電子が追従できないほど速く電場が振動する場合に起こると考えることができる. この場合, 電子は何度も揺らされて, エネルギーをもらって飛び出る.

この両者を定量的に区別するのに, $\gamma = \sqrt{\mathrm{IP}/2U_p}$ と定義される

Keldysh パラメーターがある [20]．$\gamma \ll 1$ という条件のときにはトンネルイオン化過程が優勢になるとされている．U_p は波長が長くなるほど大きくなるため，γ の値は小さくなり，トンネルイオン化モデルがよく当てはまるようになる．高次高調波などの発生には $10^{14}\,\mathrm{W \cdot cm^{-2}}$ 程度の強度のレーザーと $\gamma \ll 1$ という条件が必要であるが，このことを考えると，現在多く使われているチタンサファイアレーザーの波長が約 800 nm であったということは，運が良かったと考えられる．もし波長が短ければ，$10^{14}\,\mathrm{W \cdot cm^{-2}}$ に到達する強度では $\gamma > 1$ となり，多光子イオン化過程が起こってしまうことになるからである．

3.4　単一アト秒パルスとアト秒パルス列

上記のトンネルイオン化—電子再衝突過程は，レーザー電場の 1 周期につき 2 回生じるので，1 周期あたり高次高調波が 2 回発生することになる．あるパルスの次のパルスでは，電子再衝突の方向が逆になるので，高次高調波の電場の位相は反対になる．すなわち，もともとの基本波（赤外光）の半分の周期ごとに，隣のパルスと位相を逆にしたアト秒の幅をもつパルスが並ぶことになる．これを**アト秒パルス列**とよぶ（図 3.8 (a)）[21]．このアト秒パルス列をフーリエ変換して周波数領域に変換すると，基本波の奇数次のみになることがわかる（コラム 9 参照）．一方，1 回の電子再衝突過程によって生じるアト秒パルスのことは**単一アト秒パルス**とよぶ（図 3.8 (b)）[23]．

三段階モデルでは電子の運動を古典的に考えたが，別な方法としては，クーロン場中・電場中での電子の運動を，時間依存のシュレーディンガー方程式を数値的に解いて求める方法がある．しかし，そ

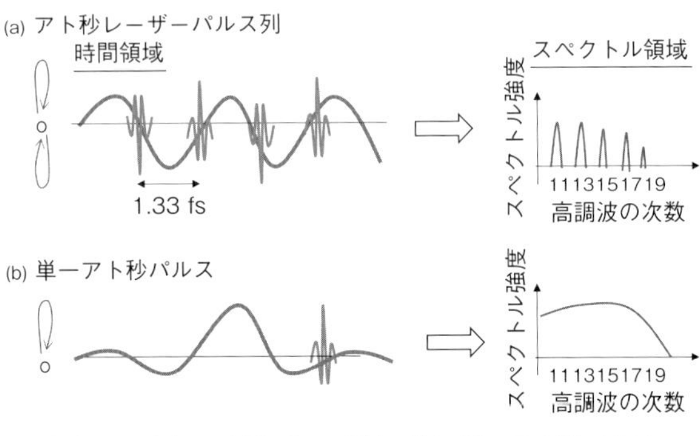

図 3.8　(a) アト秒パルス列と (b) 単一アト秒パルス

のような計算では「波動関数が出て行って，その後戻ってきて干渉する」様子はわかるものの，どのようなことが起こっているのかを理解し，また古典的な三段階モデルのように，それを用いて新たな研究を展開することが難しい．つまり「起こっている現象をシミュレーションすること」と「物理機構を理解すること」とは，必ずしも同じではない．Corkum 博士の三段階モデルは，本来は一連の現象であるトンネルイオン化—電子再衝突過程を，それぞれの段階に応じて，現象の特徴に注目することで簡略化したところにポイントがある．このように簡単に考えることで，それを用いた新しい測定法の開発や，新規な学術領域の展開を行いやすくなるからである．

コラム6

レーザーの強度の表し方

アト秒科学・高強度レーザーの研究分野では，レーザーの強度は，W·cm^{-2} という単位で表すことが多い．例えば 1 パルスあたりのエネルギーが 10 μJ（これはパワーメーターで測定できる量である），パルス幅が 50 フェムト秒のレー

ザーパルスを 50 μm^2 まで集光すると，その強度 I は

$$I[\mathrm{W \cdot cm^{-2}}] = 10[\mu\mathrm{J}]/(50[\mathrm{fs}] \times 50[\mu\mathrm{m}^2]$$
$$= 4 \times 10^{14}[\mathrm{W \cdot cm^{-2}}]$$

となる（$1\,\mu\mathrm{m}^2 = 10^{-8}$ cm^2 に注意）．電場に換算すると

$$E[\mathrm{V \cdot m^{-1}}] = 27.46 \times \sqrt{I[\mathrm{W \cdot cm^{-2}}]} \times 100$$

となり，上記の例の場合は $E = 5.5 \times 10^{10}$ V·m^{-1} となる．このように，同じパルスエネルギーのレーザーでも，パルス幅が短く，またより小さく絞り込むほど，その強度が大きくなることがわかる．このことからハイパワーレーザーの開発は，ピコ秒よりもフェムト秒の方が，それだけより大きな強度を得られることがわかる．フェムト秒レーザーの開発により，実験室サイズでこのような強度のレーザーパルスもつくり出すことが容易になった．（新倉弘倫）

コラム7

ベクトルポテンシャルを用いた表し方と作用

本文中ではニュートンの運動方程式により，電場中の電子の運動を計算した．そのとき，電子が電磁場から受ける力であるローレンツ力を，電場 $E(t)$ を用いて表した．電場 $E(t)$ は，スカラーポテンシャルを 0 とした場合，ベクトルポテンシャル $A(t)$ の微分で表される（$E(t) = -\partial A(t)/\partial t$）．運動方程式の右辺の電場の代わりにベクトルポテンシャルを代入して解くと

$$mV(t) - mV(t_0) = -eA(t) + eA(t_0)$$

となる．すなわち

$$P = mV(t) + eA(t) = mV(t_0) + eA(t_0)$$

となり，トンネルイオン化したときの電子の運動量 $mV(t_0)$ と，そのときのベクトルポテンシャルに電荷素量をかけた量 $eA(t_0)$ とを足し合わせた量は保存するということがわかる．P は電子の運動量 mV と区別して，一般化運動量とよばれる．ここで $E(t) = eE_0 \cos(\omega t)$ とすると，$A(t) = -eE_0/\omega \sin(\omega t)$ となる．4.2 節で説明する電子ストリーク法 [16] を用いたアト秒測定法 [23] では，電場の代わりにベクトルポテンシャルで考えるとわかりやすい．なお，光と物質の相互作用を，電場 E と電子の位置 x で表す方法を length ゲージ，ベクトルポテンシャル A と電子の速度 V で表す方法を velocity ゲージとよぶことがある．

三段階モデルでは，トンネルイオン化してから再衝突するまでの再衝突電子波束を，それぞれトンネルイオン化時刻ごとのトラジェクトリに分けて考えた．このような古典的トラジェクトリを用いる方法は，しばしば時間依存のシュレーディンガー方程式を解いて電子波束の運動を記述するという方法の代わりに用いられる．一方，ニュートン方程式を解いただけでは電子の位相情報が出てこない．そこでトラジェクトリから位相を求めることが必要になる．位相がわかると，再衝突電子の波動関数の時間に依存する部分として $\Psi \sim \exp(\mathrm{i}\varphi)$ を考えることができる．

この位相成分 φ は，古典的なトラジェクトリの作用 S と $\varphi = S/\hbar$ という関係にあり，$\Psi \sim \exp(\mathrm{i}S/\hbar)$ となる．

解析力学の成書には作用の定義として

$$S = \int_{t_0}^{t_c} L dt$$

と書かれている．L はラグランジアンで，今回の系の場合は $L = \frac{1}{2}mV^2 + eVA$ であり，またハミルトニアンは $H = (P - eA)^2/2m$ となる．ちなみに一般化運動量 P をラグランジアンから $P = \partial L/\partial V$ によって求めると，$P = mV + eA$ となり，前出の式と一致する．本文中にあるように $V(t_0) = 0$ として，また同じ位置に戻る（$X(t_0) = X(t_c)$）とすると，作用は

$$S = -\int_{t_0}^{t_c} \frac{1}{2}mV^2 dt$$

と計算される．よって，トンネルイオン化時刻 t_0 から再衝突する時刻 t_c まで

の電子の運動エネルギーを積分すれば，このときのトラジェクトリの作用，つまり位相がわかることになる．再衝突時刻の関数として作用 $S(t_c)$ を求めると，

$$\Psi(t_c) \sim \exp(\mathrm{i}S(t_c)/\hbar)$$

として，再衝突する位置 $X(t_c)$ での，波動関数の時間依存の部分が計算される．再衝突電子が相互作用する束縛状態の波動関数が時間によって変化しないとしたときは，この位相が発生する高次高調波のスペクトル位相と関係があることになる．また，ハミルトニアンを使って作用 S を表すと，波動関数の時間依存の部分は，

$$\Psi(t_c) \sim \exp\left(-\frac{\mathrm{i}}{\hbar}\int_{t_0}^{t_c} H dt\right)$$

となる．これは，古典的な三段階モデルを量子力学的に説明した 1994 年の Lewenstein モデル（Strong-field approximation, SFA 法）[20] の取り扱いを簡略にしたものと対応している．（新倉弘倫）

第4章 アト秒科学の展開

4.1 アト秒レーザーパルスと再衝突電子パルス

21世紀になり，1フェムト秒の壁を破ってアト秒時間領域へのブレークスルーが行われた．アト秒に到達したことを示すには，まずアト秒パルスのパルス幅測定と，それを用いたアト秒時間での測定の2つが必要である．これらの測定結果が，2001年ごろから発表されるようになった[4, 24-26]．

アト秒科学の主な方法には，図4.1に示すように，(a) 極端紫外領域の高次高調波（レーザーパルス）をプローブとして用いる方法[1, 19-23, 27-33, 44, 49, 50]と，(b) 再衝突電子を用いる方法がある[11, 17, 34-43, 48]．図4.1 (a) の高次高調波を用いる方法は以下のとおりである．まず (1) 希ガス（ネオンガスやアルゴンガスなど）に高強度の赤外フェムト秒レーザーを照射し，トンネルイオン化—電子再衝突過程により高次高調波（アト秒パルス）を発生させる．次に (2) 発生したアト秒パルスを，測定対象となる原子や分子・固体などの試料に照射し，放出された光電子の運動エネルギー分布や，アト秒パルスの試料による吸収量を測定する．それぞれ，アト秒時間分解光電子分光法[27]，アト秒時間分解過渡吸収法[30]とよばれている．この方法では，上記のように (1) まずプローブとなるレーザーを発生させて，(2) それを測定対象となる試料にあてる，

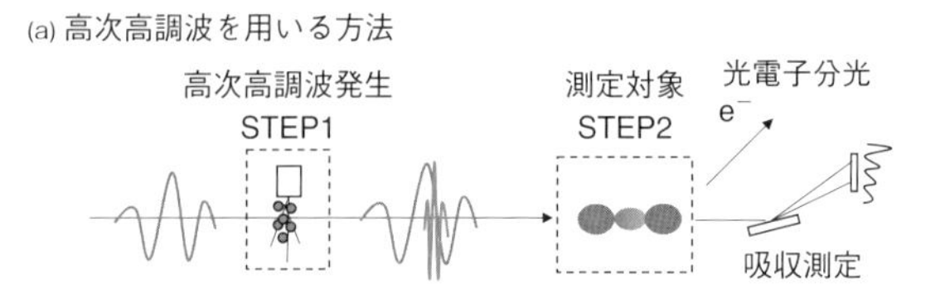

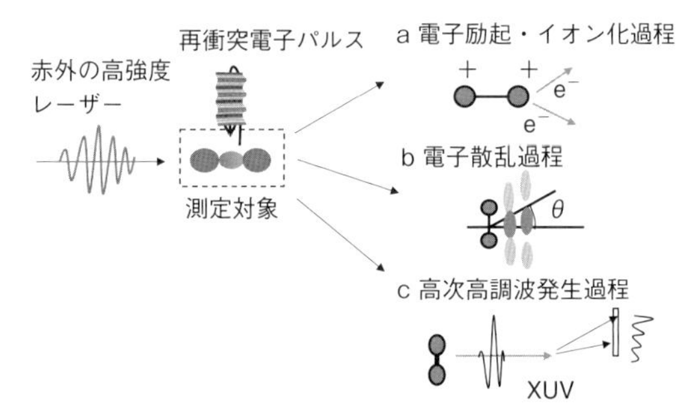

図 4.1　アト秒科学の 2 つの方法
(a) アト秒レーザーパルス (高次高調波), (b) 再衝突電子をそれぞれプローブとして用いた方法.

という 2 段階のプロセスが必要である.

再衝突電子法 (図 4.1 (b)) では, 測定対象の試料そのものに高強度の赤外の高強度レーザーパルスを照射し, プローブとなる再衝突する電子パルスを発生させる. 電子が戻ってきて再衝突したときに生じる, 2 次イオン化過程や電子散乱過程, また高次高調波発生過程を測定することにより, もともとの試料の電子・分子構造やそのダイナミクスを測定する. 特に, 発生した高次高調波のスペクトル強度や位相・偏光などを測定することにより, その高次高調波が発生した原子や分子などの情報を得る方法は**高次高調波分光** (High-harmonic spectroscopy）とよばれ，気相原子分子だけでなく，固体についても適用されている [35-43].（なお高次高調波分光は，図 4.1（a）の高次高調波をプローブとして用いる方法に対する呼称ではないことに注意.）この方法の特徴は，図 4.1（a）の方法に比べて一段階で済むので，装置系が簡単になることと，また自分自身からプローブとなる電子パルスを引き出すので，電子パルスと試料自体との間の位相差が保たれることである．このことにより，波動関数（分子軌道）の振幅の符号を分けた測定が可能になる [35].

4.2　単一アト秒パルスを用いたアト秒測定

2001 年に，オーストリア工科大（当時）の Krausz 博士のグループなどにより，単一アト秒レーザーパルスのパルス幅を測定したという結果が発表された [23]．同グループによる測定方法は以下の通りである (図 4.2 (a))．まず，フェムト秒チタンサファイアレーザーの中心波長約 800 nm（赤外光・基本波）のパルス幅を，光ファイバーと，波長分散を制御するチャープミラーを用いて 5 フェムト秒まで圧縮する．5 フェムト秒パルスでは，レーザー電場は数周期（サイクル）しか含まれていない．このようなパルスを数サイクルパルス（Few-cycle-laser pulse）という．この 5 フェムト秒パルスを希ガスに集光して極端紫外領域（XUV）の高次高調波を発生し，それと赤外レーザーパルス（IR）をあわせて試料ガスをイオン化する．このとき，高次高調波のスペクトルのカットオフ付近は，ほぼ 1 回の電子再衝突によって生成した単一アト秒光パルスによる過程のみを含んでいる．

この単一アト秒パルスのパルス幅を測定するのに，1997 年に Corkum 博士らにより提案された電子ストリーク法 [16] が用いられ

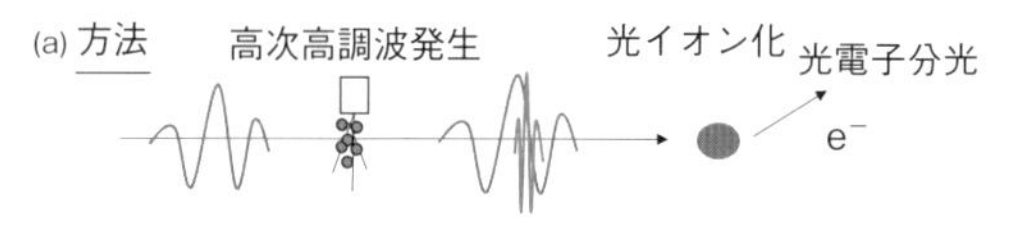

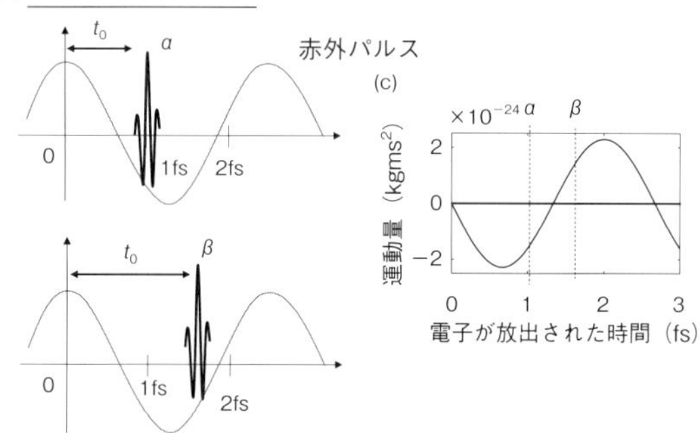

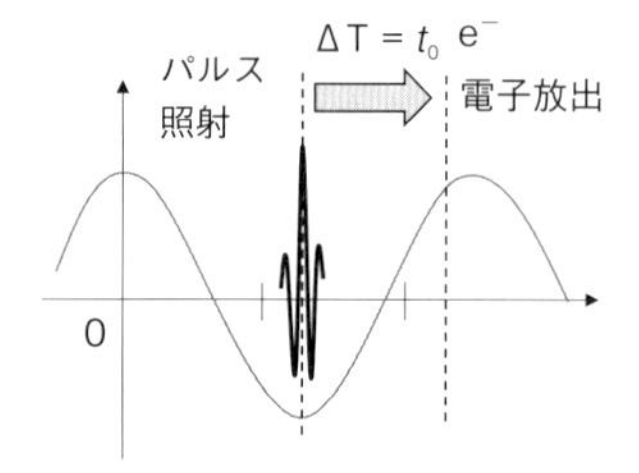

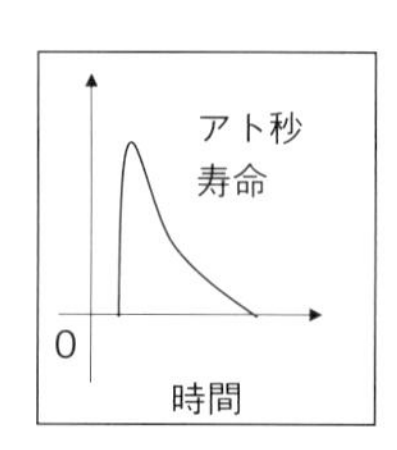

図 4.2　(a) アト秒パルス幅やアト秒寿命測定の方法．(b) 電子ストリーク法の原理．アト秒パルスによりイオン化された時刻（α, β）が異なると，観測される電子の運動量が異なる．(c) 電子が放出された時刻と，電子の運動量の関係．α, β は (b) の α, β に対応する．(d) アト秒寿命測定の概念図．

た（図 4.2 (b)）．この方法ではまず，発生したアト秒光パルスを原子に照射してイオン化し，それと同じ幅の電子パルスを作成する．次にこの電子パルスの幅を，以下に説明する赤外レーザーによる電子ストリーク法で測定する．この過程では，赤外光→再衝突電子の発生→単一アト秒光パルスの発生→電子パルスの発生と，光パルス・電子パルスが次々とアト秒精度で変換されていることになる．

図 4.2（b）は，ストリークに用いられる赤外パルスを基準にしたときに，どのタイミングでアト秒パルスによるイオン化で電子が放出されたか（上図では $t_0 = \alpha$ のとき，下図では $t_0 = \beta$）を模式的に記したものである．放出された電子は，赤外光によって加速されたり減速されたりするが，赤外光が試料を通過した後に電子が最終的にもつエネルギー（観測される運動エネルギー）は，最初に赤外パルスのどの時間でイオン化したか（イオン化時刻 t_0）に依存する（図 4.2（c））．すなわち電子の運動エネルギーとその方向（運動量）を測定することで，アト秒パルスによって電子が放出された時間 t_0 が（レーザー電場の 1 周期以内の範囲で）わかることになる．

観測される電子の運動量とイオン化時刻 t_0 の関係は，三段階モデルで用いたものと同じ式で計算できる．赤外パルスの波長が 800 nm の場合，約 2.66 フェムト秒の周期でその電場が振動している．ここで，電子があるタイミング t_0 で放出されたとし，再衝突をせずに検出器まで到達した電子を考える．検出器に到達した電子の速度は，第 3 章で示した式 (3.2) の $V(t)$ で，sin 関数によって速く変動する項を無視して

$$V(t_\infty) = -\frac{eE_0}{m\omega}[\sin(\omega t_0)] = \frac{e}{m}A(t_0) \tag{4.1}$$

となり，電子が放出されたタイミング t_0 に依存する．A はベクトルポテンシャルである．

このことから，例えば図 4.2（b）の α と β という異なるタイミングでイオン化された電子は，図 4.2（c）のグラフに示すように最終的にもつ（測定される）運動量が異なることがわかる．高次高調波

のパルス幅が長ければ，それだけ測定される光電子の運動量分布の幅は大きくなることになる．

この方法を用いて，Krausz 博士らは単一アト秒パルスのパルス幅を 650 アト秒と見積もった [23]．この研究により，フェムト秒の壁を破ってアト秒レーザーが誕生することになった．

またこの方法では，図 4.2（d）に示すように，高次高調波が照射されてから時間をおいて，どのタイミングで電子が放出されたのかも測定が可能である．t_0 は赤外光と高次高調波の時間差と，高次高調波が試料に照射されてから電子が放出されるまでの時間に依存する．この方法を用いて，Krausz 博士らのグループにより，2002 年にオージェ電子のイオン化過程 [27] や，その後に固体におけるアト秒電子ダイナミクスが測定された [31]．なお，アト秒レーザーのパルス幅測定の場合は，高次高調波が照射をされたら，すぐに電子が放出されるとみなせるイオン化過程を用いている．

単一アト秒パルスを生成する重要な技術のひとつに，キャリアエンベロープ位相（Carrier-envelope phase：CEP）の安定化がある．レーザーの 1 パルスあたりに電場が数回しか振動しない数サイクルパルスになると，電場の形状が重要になる．例えば図 4.3（a）のようなレーザー電場（実線）の場合，トンネルイオン化—電子再衝突過程は主に 1 回だけ起こるが（トンネルイオン化は，電場強度が大きいときのみ効率よく起こるため），図 4.3（b）のような電場になると，2 回起こってしまう．この場合は，2 つの単一アト秒パルスが発生することになる．この電場位相の違いのことをキャリアエンベロープ位相という．（なお，mJ クラスの強度の増幅されたレーザーの CEP を安定化させるのは，難しい技術である）．2004 年に，CEP を制御した赤外光を用いた単一アト秒パルス発生が Krausz 博士らのグループから発表されている [28, 29]．

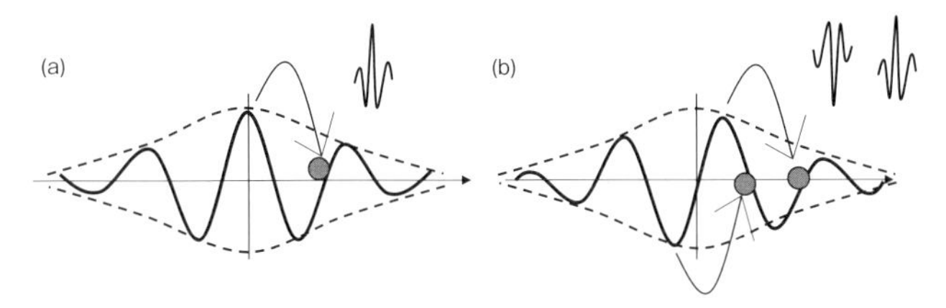

図 4.3 異なるキャリアエンベロープ位相では，再衝突の回数が異なる．

また，単一アト秒パルスを用いた過渡吸収法による電子波束運動も測定された [30]．実験の概要は以下のとおりである．4 フェムト秒以下のパルス幅の赤外パルスを用いて単一アト秒パルスを発生させ，気相のクリプトン原子に照射する．赤外パルスにより，クリプトン原子のイオン化状態に電子波束が生成され，極端紫外領域のアト秒パルスによる励起で生じたアト秒パルスの吸収量を，赤外パルスとアト秒パルスとの時間差の関数として測定する．このことにより，クリプトン原子内で 6.3 フェムト秒周期で振動する電子波束運動が捉えられた．

4.3 アト秒パルス列を用いたアト秒測定

高次高調波を用いたもうひとつの方法は，単一アト秒パルスがいくつか連なった**アト秒パルス列**を用いる方法である．アト秒パルス列は，例えば 35 fs 程度のパルス幅の赤外パルスから発生できる．アト秒パルス列のパルス幅測定については，2001 年に Agostini 博士らのグループから発表された [21]．この方法は赤外パルスの数サイクルパルス化や，キャリアエンベロープ位相の安定化を必要としないので，装置系が簡単になる．またスペクトル分解能が向上するので，特定の光エネルギー（高次高調波の波長）での光電子の位相を測定することが可能になる．

アト秒パルス列を用いる方法では，高次高調波と赤外パルス（基本波）による 2 光子イオン化過程に伴う干渉を利用する．まず高次高調波（XUV）を発生させ，それと赤外パルス（IR）を重ね合わせて，測定対象となる試料をイオン化する（図 4.4（a））．イオン化して生成した光電子の収量を，高次高調波と赤外パルスの時間差（XUV-IR delay, τ）の関数として測定する（図 4.4（b））．

アト秒パルス列の場合，高次高調波のスペクトルは基本波の奇数次の高調波（11 次高調波・13 次高調波など）を含んでいる．赤外パルスは，1 光子分のエネルギーに相当するので，高次高調波と赤外パルスを同時に照射すると，例えば 11 次高調波＋赤外パルスの吸収によるイオン化過程（H11+IR）と，13 次高調波＋赤外パルスの誘導放出によるイオン化過程（H13−IR）とによって生成した 2 つの電子波動関数が干渉する（図 4.4（c））．この 2 つの過程で放出された光電子のエネルギーは，第 12 次高調波に相当する光エネルギーでイオン化したときに生成する光電子と同じエネルギーになる．

高次高調波と赤外パルスの間の時間差 τ をアト秒精度で変えると，電子波動関数の干渉パターンが変化し，生成する光電子スペクトルの強度が以下のように変化する．

$$
\begin{aligned}
I(\tau) &= |\Psi_a \exp(\mathrm{i}\omega\tau) + \Psi_b \exp(-\mathrm{i}\omega\tau)|^2 \\
&= |\Psi_a|^2 + |\Psi_b|^2 + 2|\Psi_a||\Psi_a|\cos(2\omega\tau + \varphi_a - \varphi_b) \qquad (4.2)
\end{aligned}
$$

Ψ_a，Ψ_b はそれぞれ H13−IR，H11+IR で生成する電子波動関数，φ_a は $\Psi_a = |\Psi_a|\exp(\mathrm{i}\varphi_a)$ としたときの波動関数の位相である（φ_b も同様）．このように，2 つの干渉によって生じる光電子のピークはサイドバンドとよばれている．光電子強度 $I(\tau)$ を，高次高調波と赤

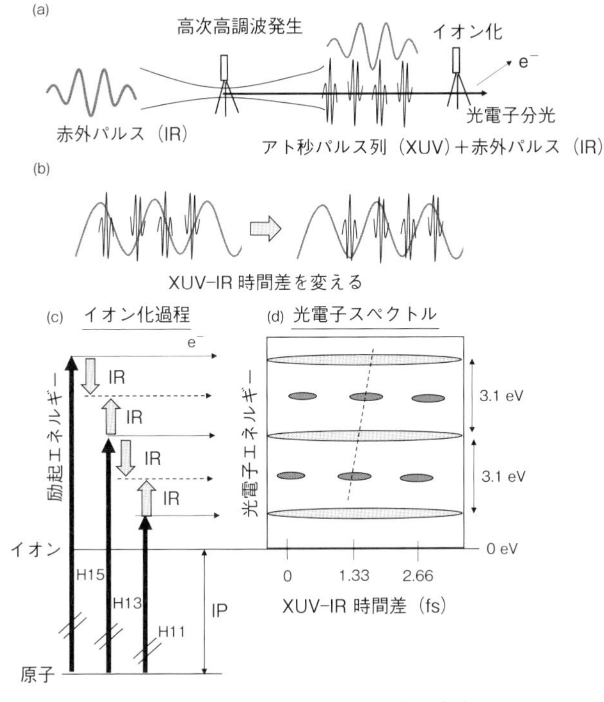

図 4.4　アト秒パルス列による測定法

(a) 実験方法．実際の測定では，図よりも長い赤外パルスを用いる．(b) 高次高調波（XUV）と赤外パルス（IR）の時間差（XUV－IR 時間差）を変えたときの概念図．(c) イオン化過程．H11 は第 11 次高調波を表す（他の高調波も同様）．(d) 測定される光電子スペクトルの模式図．

外光との時間差の関数として測定することで，位相差（$\varphi_a - \varphi_b$）を抽出することができる．

図 4.4 (d) に，τ を変えたときの光電子の信号強度変化の模式図を示す．サイドバンドの信号強度は，τ を変えると変動しているが，

図のように次数が大きくなるとその信号強度変化の位相（光電子の位相差）がシフトしていることがある．このような光電子の位相のずれは，高次高調波のスペクトル位相とイオン化過程そのものに伴う位相（原子位相）との2つに起因する [32, 33, 42]．原子位相のほうを仮定すれば，高次高調波のスペクトル位相を求めることができ，測定されたスペクトル位相から，高次高調波のパルス幅がわかることになる．もしスペクトル位相がすべての高調波で同じ値をとると，最も短いパルス幅になる（フーリエ限界パルス）．例えば薄い金属フィルターなどに高次高調波を通すと，金属の波長分散により，スペクトル位相がずれて，より短いパルスが発生する．この方法により，Agostini 博士らのグループでは 250 アト秒というパルス幅を報告した [21]．この方法は，しばしば RABBIT 法（The reconstruction of attosecond beating by interference of two-photon transitions）と呼称される [21, 32]．また，スペクトル位相のほうを仮定すれば，原子位相がわかる．原子位相はイオン化に伴う光電子の位相のずれ（または時間差，photoionization delay）を表しており，原子のイオン化状態についての情報を得ることができる [33]．近年は，原子位相とスペクトル位相の両方を測定により決定する 2 次元アト秒分光法も開発されている [42]．

コラム8

アト秒科学に用いるレーザー装置系

高次高調波や再衝突電子を用いるアト秒測定には，赤外の高強度のフェムト秒レーザーパルスが必要である．前述のように，現在多く使われているのが全固体のチタンサファイアレーザーである．まず緑色のレーザーをチタンサファイア結晶に当てて，中心波長が約 800 nm の赤外レーザーパルスを発生させる．これらは繰り返しが 80 MHz 程度で，１つのパルス幅が（筆者の装置系では）

15 フェムト秒程度である．このパルスをさらに kHz のレーザーで増幅することで，1 パルスあたり数ミリジュール（mJ）というレーザーパルスを発生する．なおパルスの繰り返しはポンプレーザーの性能に依存し，10 kHz などのものもある．また強度も，数十 mJ など大きなものもある．

筆者の研究室では 2 段階増幅により，1 KHz の繰り返しで，パルス幅が 35 フェムト秒で 8 mJ/pulse 程度の出力のものを使用している（過去の最高では 10 mJ/pulse を発生）．なお実際には，（使い方にもよるが）1.5 mJ/pulse 程度の強度のレーザーを 50 cm くらいの焦点距離のミラーで集光すれば高次高調波の発生は可能である．

より赤外の光を用いれば，それだけ発生する高次高調波の波長が短くなることになる．そこで，チタンサファイアレーザーのパルスをオプティカルパラメトリック増幅（OPA）で波長変換したり [45]，または光パラメトリックチャープ増幅（OPCPA）とよばれる方法などで，高強度で赤外パルスを発生することが行われている [46].

波長の短い，強度の強いアト秒パルス発生のために，世界各地で高強度でより赤外で繰り返しの高い，かつキャリアエンベロープ位相が安定化したフェムト秒レーザーの開発が続けられている．

（新倉弘倫）

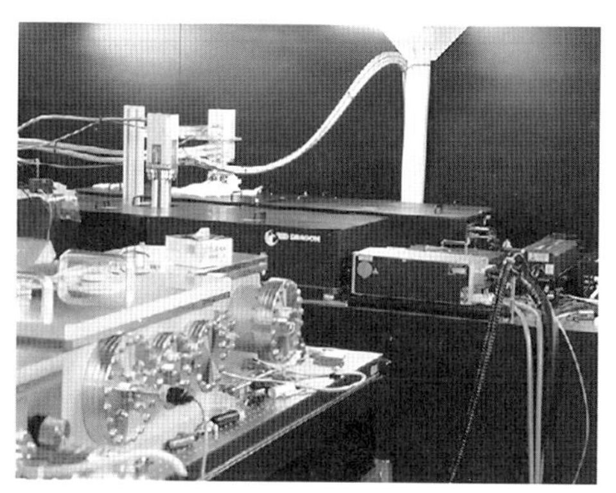

図　筆者のアト秒研究室（早稲田大学）

奥が高強度レーザー装置，手前が真空測定系．

4.4　再衝突電子を用いたアト秒測定

次に，筆者らが開発を行った再衝突電子によるアト秒測定法について説明する．まず，2002年に後述する分子時計法（molecular clock）により，再衝突電子の時間構造と空間構造を同定し，再衝突電子がレーザー電場1周期以内のダイナミクスの測定に使用できることを示した[17]．次に，再衝突する電子のタイミングをアト秒精度で変えることにより，重水素分子イオンの振動波束運動を最短700アト秒間隔で測定した[34]．再衝突電子を測定に使うという考え方は，1996年にCorkum博士らにより理論的な提案がなされているが[47]，これらの2002〜2003年の研究により，実際にアト秒時間分解能での測定が可能であると示され，「電子・原子・分子の衝突」という分野の研究がアト秒の時間領域に入ることになった．続いて2004〜2005年には，再衝突電子によって発生した高次高調波のスペクトルから，分子軌道や，アト秒で分子内を動く電子波束についての情報が得られることを示した[35, 36]．

はじめに，2002年の研究で明らかになった再衝突電子の性質について説明する．トンネルイオン化—電子再衝突過程では，1つの電子が飛び出して衝突する．飛び出した電子の振る舞いは波動関数（波束）で表される．トンネルイオン化したときの電子波束は速度分布をもっているので，再衝突時に電子波束も広がっている．また，トンネルイオン化は瞬間的に生じるのではなく，レーザー電場のピーク付近の数百アト秒で起こるので，再衝突時の電子波束も時間的に広がっている．

図4.5（a）に，計算された再衝突電子波束の時間構造を示す．横軸はトンネルイオン化してからの時間である．まずレーザー電場1周期（2.66フェムト秒）の約2/3（約1.7フェムト秒）のところに，

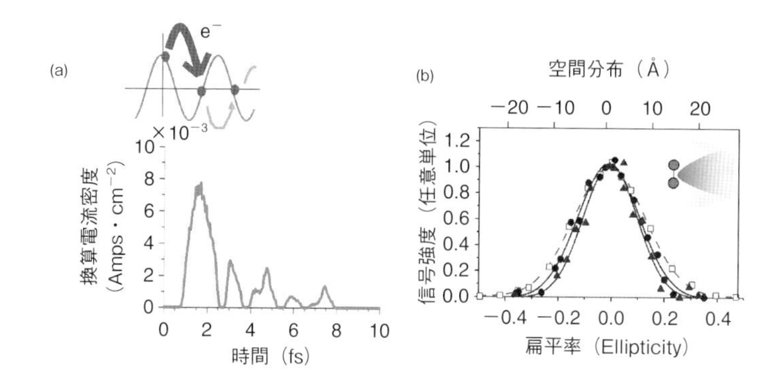

図 4.5　再衝突電子の (a) 時間構造と (b) 空間構造 [17]

(b) の 3 本の線は，それぞれ幅の広いほうからアルゴンガス，水素分子（分子軸と水平），水素分子（分子軸と垂直）の場合．(b) の右上に，再衝突電子波束が広がりながら再衝突する模式図を示す．

1 つ目のピークが見え，その後にいくつかのピークを伴っていることがわかる．電場とそれぞれの再衝突の関係を，模式的に図 4.5 (a) の上に示す．このことから，1 回目に衝突する確率が大きく，そのパルス幅は，おおよそ 1 フェムト秒程度であることがわかる．縦軸は再衝突の効率を，電子パルスを用いた実験でしばしば使われる単位である電流密度（単位平方センチメートルあたりのアンペア）に換算したもので，1 つ目のピークは約 8×10^{10} Amps $\cdot$ cm^{-2} にもなる．これは，通常の電子ビームでは作成が困難な強度の電流密度である．

図 4.5 (b) に，測定された再衝突時の空間的な広がりを示す．測定の方法は以下の通りである．フェムト秒の赤外レーザーパルスを水素分子に照射し，レーザー電場の偏光の扁平率 (Ellipticity) を少しずつ変えて再衝突電子の軌道を少しずつずらし，再衝突によって

のみ生じた水素原子イオンの収量を測定する．レーザー電場が直線偏光の場合は，再衝突電子波束の中心は直線的な運動を行うが，偏光の扁平率を変えると，再衝突電子は少し水素分子から逸れて衝突するため，測定されるイオンの収量（信号強度）が下がる．このことから空間分布を見積もる．その結果，再衝突電子波束は衝突するときに10 Å（1 nm）程度の広がりをもつことがわかった．これは水素分子の大きさ（約1 Å）からすると，その10倍程度の大きさである．このように空間的な広がりがナノメートル領域であるので，換算電流密度が非常に大きくなることになる．そのため，再衝突電子は極めて衝突効率の良い，ナノメートルサイズの超短電子パルスであるといえる．

従来，短い電子パルスを生成する試みが続けられていたが，2002年当時では，電子パルスの幅は数百フェムト秒のオーダーが限界だった．その理由は主に，せっかく電子パルスを生成しても，それが試料に導かれるまでに広がってしまうということによる．再衝突電子は生成してからすぐに測定対象に衝突するため，その広がり・パルス幅ともに従来の電子パルスよりもはるかに小さいものとなっている．また次章で説明するように，再衝突電子パルスはコヒーレントであるため，再衝突により波動関数の位相情報にアクセスすることが可能になる．

図4.5（a）に示した再衝突電子パルスの時間構造は，実験的には以下のように確かめられる．分子に高強度の赤外レーザーパルスを照射すると，トンネルイオン化に伴い，再衝突する電子波束（再衝突電子パルス）だけではなく，振動波束が同時に生成することがある（図4.6（a））．例えば水素分子の場合，トンネルイオン化により電子を放出すると，分子間の結合が弱くなって振動波束運動が開始される（分子の結合距離が伸びる）．すなわちトンネルイオン化過程に

より，再衝突電子波束と振動波束という相関した波束対が生成することになる．その後，振動が伸びる（振動波束が時間発展する）が，800 nm の場合は約 1.7 フェムト秒後に電子が戻ってきて衝突し，振動運動がストップする．このように分子の振動を時計として用いていることで，電子がいつ再衝突したのかをアト秒精度で測定することができる．これを分子時計法という．

図 4.6（b）に，本研究で用いた水素分子（H_2）のポテンシャル図

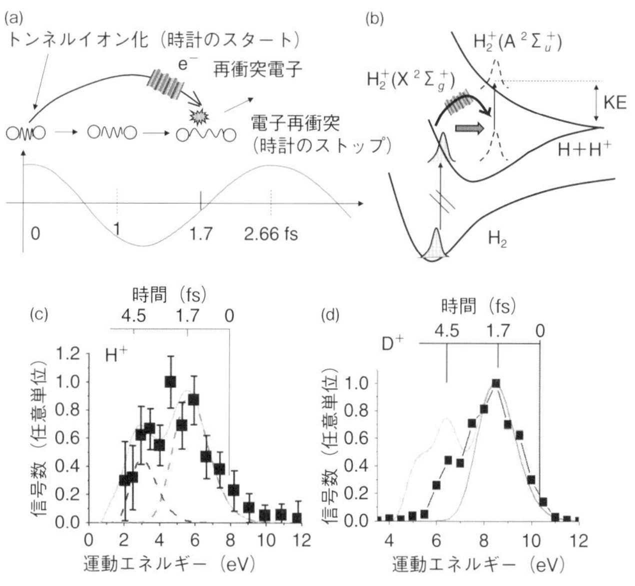

図 4.6 （a）分子時計法の概要図．（b）水素分子のポテンシャルエネルギーとイオン化・励起の図．（c）水素分子と（d）重水素分子イオンから再衝突によって解離した H^+，D^+ の運動エネルギー（■）．分子時計法により，運動エネルギー軸が時間軸に変換される [4,17].

を示す．H_2 のトンネルイオン化により，水素分子イオンの基底状態 $H_2^+(X^2\Sigma_g^+)$ に振動波束が生成し，結合距離が伸びていく（図では右方向に移動する）．振動波束とともに生成した再衝突電子が戻ってくると，励起状態 $H_2^+(A^2\Sigma_u^+)$ に励起され，H と H^+ とに解離する．そのときの運動エネルギー KE を測定することで，電子が再衝突したときのタイミングがわかる．

図 4.6（c）と（d）に，それぞれ測定された水素分子と重水素分子（D_2）から解離した H^+ と D^+ の運動エネルギー分布を示す．分子時計法の原理から，それぞれの運動エネルギーがトンネルイオン化してからの時間軸に対応する．両方とも約 1.7 フェムト秒のところにピークをもつことがわかり，これが図 4.5（a）に示した 1 回目の衝突のピークに相当する．40 フェムト秒のレーザーを用いたとき（図 4.6（c））は，最初の衝突だけでなく，数回目の衝突によるピーク（4.5 フェムト秒後）による影響も現れている．一方，8 フェムト秒のレーザーを用いると（図 4.6（d）），2 回目以降に再衝突してくる電子の確率を下げることができる．この場合は，1 回だけの電子再衝突になる．

次に，再衝突電子の衝突タイミングを制御することで，分子の振動運動をアト秒精度で測定した [34]．再衝突電子は，赤外レーザー電場周期の約 2/3 のところで最大の確率で戻ってくるので，赤外レーザー電場の波長を長くすれば，それだけ戻ってくる時間を長くすることができる．本研究では，レーザー電場の波長を 800 nm, 1100 nm, 1530 nm, 1830 nm と変えることで，再衝突のタイミングを 1.7 fs, 2.7 fs, 3.4 fs, 4.2 fs と変化させた．

より遅く再衝突電子が戻ってくれば，それだけ，トンネルイオン化と同時に生成した振動波束は時間発展する（振動が伸びる）ことになる．振動が伸びたところで再衝突電子によって結合が切られると，それだけ解離した原子の運動エネルギーが低下する．よって，原子の運動エネルギーを測定することで核間距離がわかる．

図 4.7（a）に，測定された重水素分子イオンの振動波束運動を示

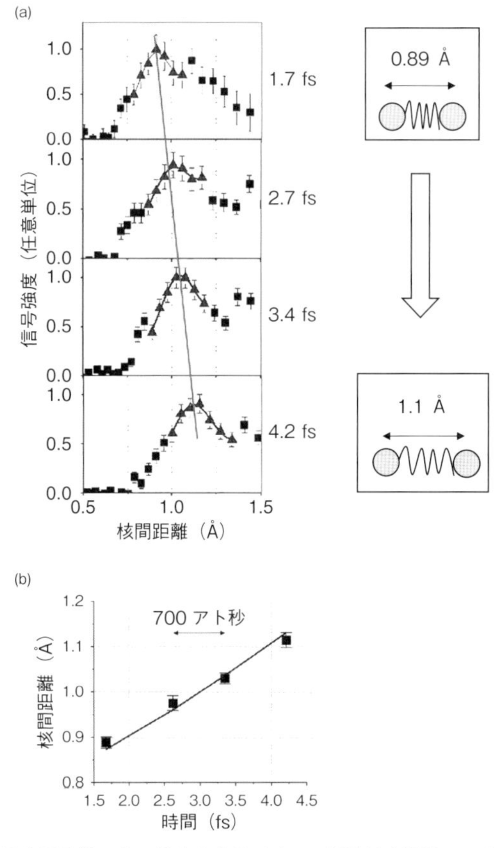

図 4.7　再衝突電子法による重水素分子イオンの振動波束運動のアト秒測定 [34]

す．横軸は，重水素分子イオンの励起状態のポテンシャルを用いて，運動エネルギーを核間距離に変換した．このことから，1.7 フェムト秒から 4.2 フェムト秒の間に，平均核間距離が 0.89 Å から 1.1 Å まで伸びることがわかる．最短の測定間隔は 700 アト秒である．本実験により再衝突電子法を用いて，アト秒・オングストローム精度で分子の構造変化を測定できることが示された．

4.5　高次高調波分光

再衝突電子を用いる方法で重要な分光法に，高次高調波分光（High-harmonic spectroscopy）とよばれるものがある．4.4 節で説明した水素分子イオンの振動波束運動の測定は，再衝突電子過程を水素分子イオンとの非弾性衝突（励起過程）として取り扱ったものである．一方，高次高調波発生過程は，再衝突過程をコヒーレントな電子の波の干渉として取り扱う．

高次高調波の電場 $d(t)$ は，赤外の高強度レーザー電場中の電子波動関数 Ψ を用いて

$$d(t) \sim \langle \Psi | -er | \Psi \rangle \tag{4.3}$$

と双極子モーメントを用いて表される．ここで，r は電子の位置である．$d(t)$ をフーリエ変換した

$$d(\omega) = \int d(t) \exp(\mathrm{i}\omega t) dt \tag{4.4}$$

が，高次高調波の複素スペクトルになる．その振幅の自乗 $|d(\omega)|^2$ が測定される高次高調波のスペクトル強度に対応し，その位相 $\varphi(\omega)$ が高次高調波のスペクトル位相に対応する．

電子波動関数 Ψ を，束縛状態に残る成分 Ψ_{b} と，イオン化する成分 Ψ_{c} とに分けて（$\Psi = \Psi_{\mathrm{b}} + \Psi_{\mathrm{c}}$），式 (4.3) に代入すると，高次高調波発生過程で主要となる双極子モーメントの成分は

$$d(t) \sim \langle \Psi_{\mathrm{b}} | -er | \Psi_{\mathrm{c}} \rangle + \mathrm{c.c.} \tag{4.5}$$

となる（c.c. は複素共役を表す）．なお b, c はそれぞれ，束縛状態（Bound state）とイオン化連続状態（Ionization continuum）を表している．

このことから，高次高調波発生過程を以下のように考えることができる（図 4.8 (a)）．まずトンネルイオン化過程により，束縛状態にある電子波動関数が，そのまま原子や分子の束縛状態に残る成分 Ψ_{b} と，イオン化する成分 Ψ_{c}（再衝突電子）とに分かれる．再衝突電子 Ψ_{c} はレーザー電場中を運動し，レーザー電場の 1 周期以内に戻り，再衝突して，Ψ_{b} と相互作用する．再衝突電子波束は電場によって加速されており，衝突時のエネルギーに対応する波長の短い波になっている．この波長の短い波（再衝突電子 Ψ_{c}）が衝突時に，束縛状態の電子波動関数 Ψ_{b} を揺らす．ちょうど，池（Ψ_{b}）に津波（Ψ_{c}）がやってくると，池の波が揺らされるようなものである．水とは異

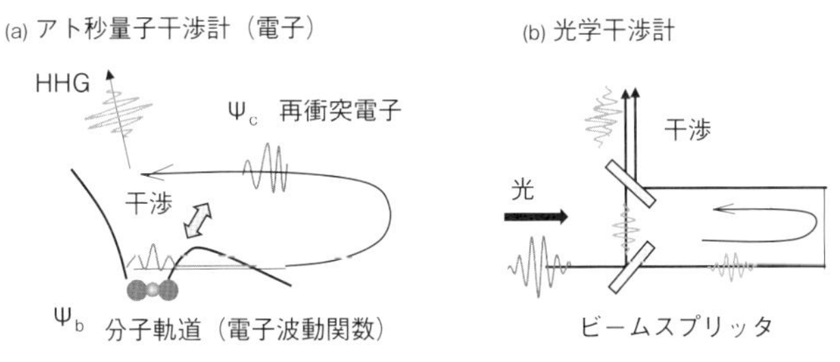

図 4.8 (a) アト秒量子干渉計と (b) 光学干渉計の概念図 [4]

なり，電子が波のように揺らされると，その波の周期をもった電磁波が放出される（双極子近似）が，これが高次高調波発生ということである．

どのように電子の池が揺らされるのかは，電子の池（Ψ_b）の形状や位相に依存するため，そこから発生する高次高調波の電場も，Ψ_b に依存することになる．このことから，「高次高調波の電場の位相・強度・偏光などから，高次高調波を発生する原子や分子・固体などの電子構造や分子構造・ダイナミクスなどの情報を得る」という新たな分光法が成立した．これは高次高調波分光（High-harmonic spectroscopy）とよばれている．

この方法は，光学干渉計になぞらえることができる（図 4.8 (b)）．光学干渉計では，光をビームスプリッターによって分けて，別々の光学パスを光が走るようにする．その後，2つの光を干渉させ，その干渉パターンからもとの光の電場についての情報を得る．トンネルイオン化—電子再衝突過程では，トンネルイオン化により，束縛状態にあった電子波動関数が，そのまま束縛状態に残る波動関数 Ψ_b と，再衝突電子波束 Ψ_c との2つに分離する．それぞれの波動関数・波束は時間発展するが，再衝突過程により互いに干渉し，コヒーレントな高次高調波（HHG）が発生する．干渉の結果として高次高調波が発生するので，高次高調波の電場には，もともとの電子波動関数の情報が含まれていることになる．

高次高調波分光の成果の1つは，束縛状態の分子軌道を可視化できたことである（5.1節で詳説する）[35]．また，化学反応ダイナミクス [11, 38] や分子の構造変化 [39]，アト秒パルス [40] の測定などにも使われている．本節では，分子などの試料内で運動する電子波束をアト秒分解能で測定する方法について述べる [35, 36]．

光反応や分子構造の変化などにより，分子内にアト秒で運動する電子波束が生じている場合を考える．具体的には，エネルギーが ΔE だけ離れた電子波動関数 Ψ_0 と Ψ_1 を同時に励起することで分子内電子波束が生成したとする．このとき生成する電子波束は $\Psi(t) = \Psi_0 + \Psi_1 \exp(\mathrm{i}\Delta E/\hbar t)$ と表される．このような電子波束が生じているときに高強度レーザーパルスを照射し，エネルギーの高いところにある電子波動関数 Ψ_1 からのみトンネルイオン化過程を生じさせる．トンネルイオン化により生成した再衝突電子は加速され，束縛状態に残った電子波束に戻ってきて，高次高調波を発生する．このときの高次高調波の双極子モーメントは

$$d(t) \sim \langle \Psi_0 + \Psi_1 \exp(\mathrm{i}\Delta E/\hbar t)| - er|\Psi_\mathrm{c}\rangle + \mathrm{c.c.} \tag{4.6}$$

と表される．なお実際の計算では，双極子モーメントの代わりに，時間微分した双極子加速度とよばれる量を計算している．

図 4.9 (a) に，時間依存のシュレーディンガー方程式を解いて得られた高次高調波のスペクトルを示す．ここでは，1 回だけ再衝突が起こるような条件，すなわちキャリアエンベロープ位相が安定化された，数サイクルパルスによってアト秒高次高調波が発生する条件を用いた．上から順に，分子内に周期 290 アト秒 (as)，330 アト秒，444 アト秒の周期をもつ電子波束が生成している場合についての計算結果であるが，高次高調波のスペクトルに周期的にへこみが生じていることがわかる．もし分子内電子波束が生じていなければ，高次高調波のスペクトルは構造のない連続したものになる．

解析の結果，分子内の電子波束が，再衝突する電子と逆方向に動いている場合（図 4.9 (b) 上），そのとき放出される高次高調波の強度は干渉により低くなる（へこみが生じる）が，再衝突する電子と同じ方向に動いている場合（図 4.9 (b) 下），高次高調波の強度は高くなることがわかった．高次高調波のスペクトルは再衝突時間と

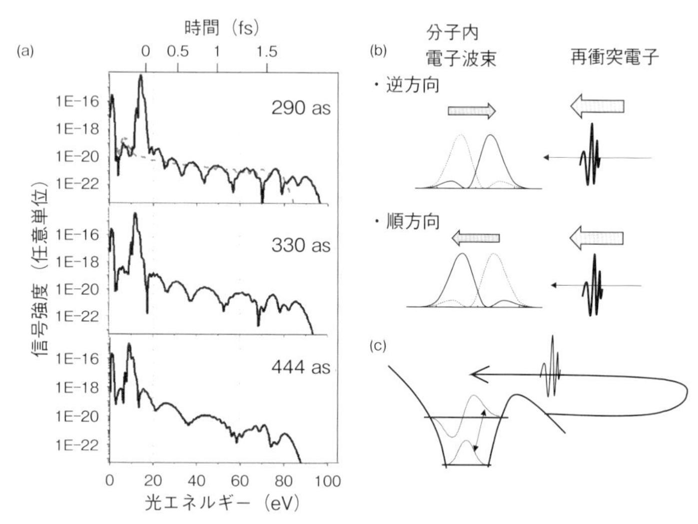

図 4.9　高次高調波分光によるアト秒精度での分子内の電子波束運動測定法.（a）計算結果 [36].（b）はスペクトルのへこみが生じる条件を説明した図.（c）トンネルイオン化と再衝突の概念図.

対応するという原理（3.3 節，図 3.6（c））を用いると，高次高調波のスペクトルに分子内の電子波束運動がマッピングできることになる．例えば電子が 290 アト秒周期で運動しているとすると，この時間範囲に対応する高次高調波のスペクトルにへこみが生じる．このことから，電子の運動がどれくらいの速度で起こっているのかを知ることができる．

4.6　ω − 2ω 法

高次高調波分光の 1 つの方法に，2006 年に発表された，複数の波長の光を混ぜて高次高調波を発生させる方法がある [37]．例えば，チタンサファイアレーザーの基本波（ω, 約 800 nm）を β–BBO 結晶に通してその 2 倍波（2ω, 約 400 nm）を発生させ，その両方を気体などに集光して，高次高調波を発生させる（図 4.10 (a)）．すると基本波の奇数次倍に加えて，偶数次倍の高次高調波が発生する（図 4.10 (b)）．基本波と 2 倍波との時間差（ω − 2ω の時間差）をアト秒精度で変えて，どのように高次高調波のスペクトルが変わるのかを測定し，それから高次高調波のスペクトル位相 [37] や，分子軌道の対称性 [41]，電子のダイナミクス [42] に関する情報を得ることができる．

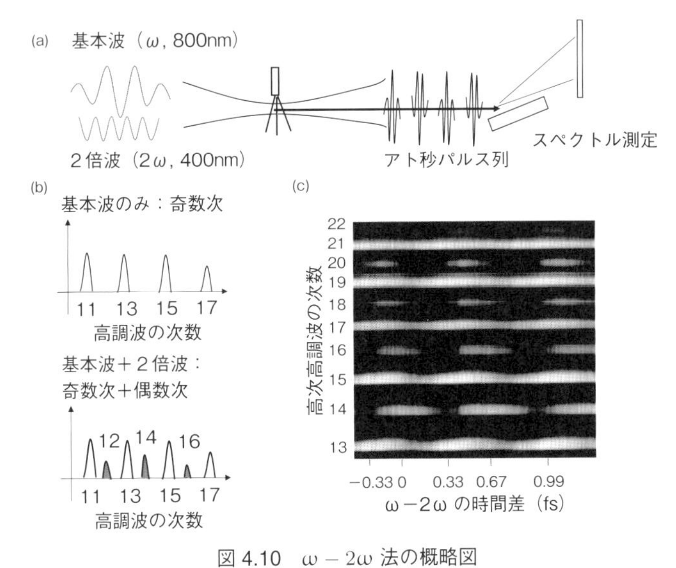

図 4.10　ω − 2ω 法の概略図
(a) 実験方法．(b) 発生するスペクトルの概要．(c) スペクトルの例 [44]．

図4.10（c）に，800 nm（基本波）と400 nm（2倍波）を混ぜて発生した高次高調波のスペクトルを示す[44]．図のように，奇数次と偶数次の高次高調波の強度は，ω − 2ω の時間差をアト秒精度で変えると変動する（コラム9参照）．14, 16次などの偶数次の高調波に注目すると，ピークが現れる時間差が，高調波の次数が上がると左に移動していくことがわかる．これは高次高調波のスペクトル位相が次数ごとに違うことを表している．この時間差を2倍して位相になおすと，スペクトル位相になる[44]．このことから，4.3節で説明したRABBIT法[21]と同様に，この方法を用いて，アト秒パルス列のパルス幅を求めることが可能になる．

次に，ω − 2ω 法を用いて，アト秒での電子波束運動を測定する方法について解説する[42]．再衝突電子を用いた分子時計法（4.4節）では，トンネルイオン化時に，再衝突電子波束と振動波束という相関する2つの波束対が生成することを利用した．ここでは図4.11（a）に示すように，トンネルイオン化によって再衝突電子波束と，分子内に電子波束が同時に生成する場合を考える．分子内に残った電子波束は，時間発展により空間分布などがアト秒精度で変化していく．

測定の方法は以下のとおりである．基本波（ω）と，それと偏光方向が垂直な2倍波（2ω）を測定対象である試料に照射し，高次高調波（HHG）を発生させる．ω − 2ω の時間差を変えて，それぞれの時間差ごとに高次高調波のスペクトルを測定する．偏光方向を互いに垂直にすると，ω − 2ω の時間差を変えたときに，再衝突する電子の方向を変えることができる．また，高次高調波の奇数次と偶数次のスペクトルから，高次高調波の偏光方向を求める．すなわち，「再衝突電子の衝突角度の関数として，高次高調波の偏光方向を測定する」のである．

再衝突の角度と高次高調波の偏光方向は，分子軌道の対称性とか

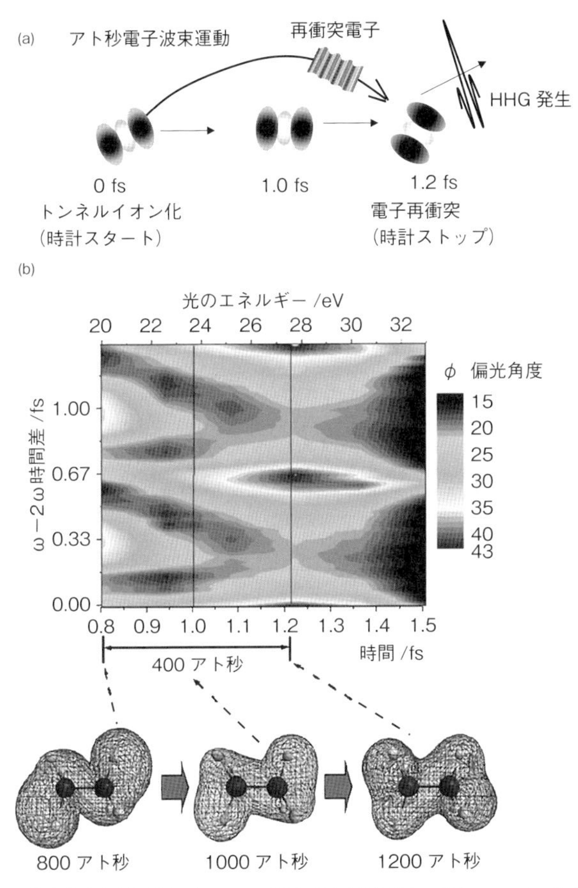

図 4.11 (a) 再衝突電子によるアト秒電子波束測定法. (b) ω − 2ω 法によるアト秒電子波束運動の測定結果 [42].

かわりがある．例えば σ_g 軌道の場合は，再衝突電子がやってきた方向と，発生する高次高調波の偏光方向はほぼ平行である．一方，π_g 軌道の場合は，再衝突電子の衝突角とは大きく異なった偏光方向をもつ項高次高調波が発生する [41].

このことを利用すると，分子内で空間分布が変化する電子波束を測定できることになる．図 4.11 (b) に測定結果を示す．縦軸が $\omega-2\omega$ の時間差，横軸が高次高調波のエネルギーで，高次高調波の偏光方向をグレースケールで表している．横軸は，「高次高調波のエネルギーとイオン化してからの時間とは対応するという原理」から（p.53 参照），エネルギーを時間軸に変換してある．この図から，1.0 フェムト秒付近で大きく高次高調波の偏光方向が変化していることがわかる．

実験結果を解析すると，図 4.11 (b) の下に示すように分子の電子波動関数の空間分布が変化していることに対応することがわかった．このように，$\omega-2\omega$ 法を用いて，分子内の電子ダイナミクスをアト秒精度で測定することが可能である．

近年では，$\omega-2\omega$ 法を固体薄膜に適用することで，固体内部の電子–ホールダイナミクスに関する情報が得られている [43]．基本波として 800 nm ではなくて，より波長の長い光を利用することで，発生する高次高調波は真空紫外領域ではなく，紫外領域になりうる．すると，真空装置系（波長が約 220 nm より短くなると，光が大気中を通らなくなるので，真空装置が必要になる）も不要になるので，さらに簡単な装置系になる．

再衝突電子を用いた方法には，励起・イオン化過程（4.4 節）や高次高調波分光（4.5, 4.6 節）を用いた測定法の他に，電子散乱過程を用いるものなどがある．例えば 150 eV の再衝突電子は，ド・ブロイ波長に変換すると約 1 Å になり，分子のサイズと同等になる．したがって，電子散乱過程によって分子の詳細を測定することが期待される [47]．詳細は省略するが，2008 年にカナダの Corkum 博士のグループから，再衝突電子による散乱過程を利用した測定が発表されている [48]．

コラム 9

なぜ基本波のみだと奇数次のみの高調波が発生するのか

赤外の高強度レーザーパルス（基本波）を照射すると，基本波の奇数次倍のエネルギーをもった奇数次の高調波のみが生成する．また，基本波と 2 倍波を用いると，奇数次と偶数次の高調波が生成する．ここではその理由を考える．

まず基本波のみで高次高調波が発生する場合を考える．高次高調波は，1 回のトンネルイオン化—電子再衝突過程によって生成した単一アト秒パルス $d(t)$ がいくつか連なったものである．簡単のため，単一アト秒パルスが 4 つ連なったアト秒パルス列を考える．基本波のみで生成した場合，アト秒パルス列の双極子モーメント $\mathrm{D}(t)$ は

$$
\begin{aligned}
\mathrm{D}(t) &= d(t) - d\left(t - \frac{T_0}{2}\right) + d\left(t - \frac{2T_0}{2}\right) - d\left(t - \frac{3T_0}{2}\right) \\
&= \{d(t) + d(t - T_0)\} - \left\{d\left(t - \frac{T_0}{2}\right) + d\left(t - T_0 - \frac{T_0}{2}\right)\right\}
\end{aligned}
$$

となる．なお，隣り合うアト秒パルスは位相が逆になるので，1 つおきにマイナスの符号をつけてある．また T_0 は基本波の電場 1 周期で，$T_0 = 2\pi/\omega_0$ である．この $\mathrm{D}(t)$ をフーリエ変換すると，

$$
\begin{aligned}
\mathrm{D}(\omega) &= d(\omega)(1 + \exp(-\mathrm{i}\omega T_0)) \\
&\quad - d(\omega)(1 + \exp(-\mathrm{i}\omega T_0)\exp(-\mathrm{i}\omega T_0/2)) \\
&= d(\omega)(1 + \exp(-\mathrm{i}2\pi\omega/\omega_0)) \\
&\quad - d(\omega)(1 + \exp(-\mathrm{i}2\pi\omega/\omega_0))\exp(-\mathrm{i}\pi\omega/\omega_0))
\end{aligned}
$$

となり，$|\mathrm{D}(\omega)|^2$ が測定されるスペクトル強度に対応する．$d(\omega)$ は，単一

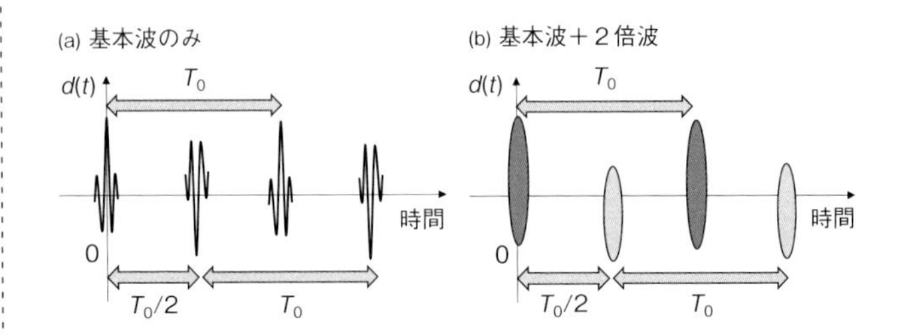

図　(a) 基本波のみで発生させたアト秒パルス列，(b) 基本波と 2 倍波を混ぜて発生させたアト秒パルス列の模式図.

アト秒パルス $d(t)$ をフーリエ変換したものである．高次高調波の次数を $n(n = 1, 2, 3, \ldots)$ とすると，$\omega = n\omega_0$ なので，

$$\mathrm{D}(\omega) = d(\omega)(1 + \exp(-\mathrm{i}2\pi n)) - d(\omega)(1 + \exp(-\mathrm{i}2\pi n)) \exp(-\mathrm{i}\pi n)$$

とかける．$\exp(-\mathrm{i}2\pi n)$ の項は整数 n に対して常に 1 であるが，第 2 項の $\exp(-\mathrm{i}\pi n)$ は，奇数のときには -1，偶数のときは 1 をとる．第 2 項にはマイナスの符号がついているので，第 2 項は奇数次のときは 1，偶数次のときは -1 になる．それらを足し合わせると，偶数次がキャンセルして，奇数次のみが残る．

次に，基本波に 2 倍波を混ぜて高次高調波を発生する場合を考える．このときは，あるパルスは位相差 ΔP が加わり，その次のパルスは位相差 ΔP が差し引かれる，というように，1 つおきに位相差が足されたり引かれたりしたパルスが連なる（図 (b) では模式的に，違いを表している）．この位相差のずれのために，偶数次がキャンセルせずに生き残ることになる．そのため，わずかな位相差の違いを生じさせる程度の強度（基本波の 1%以下）でも，偶数次は現れる．この過程を数式で書くと，

$$\begin{aligned}\mathrm{D}(t) &= \{d(t) + d(t - T_0)\}e^{\mathrm{i}\Delta P} \\ &\quad - \left\{d\left(t - \frac{T_0}{2}\right) + d\left(t - T_0 - \frac{T_0}{2}\right)\right\}e^{-\mathrm{i}\Delta P}\end{aligned}$$

となる．同様にフーリエ変換して整理すると，

$$\mathrm{D}(\omega) = 4d(\omega)\cos(\Delta P) \quad （奇数次）$$

$$\mathrm{D}(\omega) = 4\mathrm{i}d(\omega)\sin(\Delta P) \quad （偶数次）$$

となる [44]．よって位相差 ΔP がゼロのときは，奇数次のみが出現し，位相差が大きくなると，偶数次も現れることになる．（新倉弘倫）

コラム 10

アト秒科学とウルフ賞

物理分野でノーベル賞とともに知られているウルフ賞であるが，2022 年はアト秒科学の発展に貢献した以下の 3 人の博士が受賞した．カナダ国立研究機構（National Research Council of Canada; NRC）・オタワ大学の Paul Corkum 博士，独マックスボルン研究所の Ferenc Krausz 博士，スウェーデン Lund 大学の Anne L'Huillier 博士である．L'Huillier 博士は，1988 年の高次高調波の発見に関与し，Corkum 博士は三段階モデル（電子再衝突モデル）の提唱と，アト秒パルス測定法の提唱，また Krausz 博士は単一アト秒パルスの発生とそれを用いた測定などが主な業績である．Paul Corkum 博士は三段階モデルだけでなく，様々なアト秒測定に関するアイデアを提唱し，アト秒科学の父ともよばれている．（新倉弘倫）

コラム 11

From Femto-to-Atto Clock

私事であるが，筆者は 2000 年から 2009 年まで，カナダ国立研究機構（NRC）の Paul Corkum 博士の研究室で研究を行った．2000 年当時はまだフェムト秒

の時代で，研究室には博士研究員の数は数名程度だったが，その後の数年間にアト秒の時代に入った．Krausz 博士や他のヨーロッパのグループでは，高次高調波を用いた研究でアト秒領域に入ったが，カナダの研究室では本文に記したように，主に再衝突電子を用いた測定法により，アト秒科学が展開された．

アト秒の時代に入ったことを告げた最初期のレビューとしては，2002 年の“*The fast show*” [24] がある．このレビューには RABBIT 法 [21]，単一アト秒パルスの測定 [23] とオージェイオン化過程の測定 [27]，それに筆者らの再衝突電子を用いた方法 [17] についての 4 つの方法が挙げられている．また，2010 年に編纂された *Nature* 誌による“*Nature milestones: Photons*”という光学の歴史に関するレビューがあるが，“*Milestone 22*”は“*Into the attoworld*”（*Nature Materials*, 9, S19（2010））と題する，アト秒科学に関するものである [25]．このレビューには本書で解説した ATI，三段階モデル，高次高調波発生，RABBIT 法，単一アト秒パルスの測定などとともに，筆者らの重水素分子を用いたアト秒測定についての論文 [34]（4.4 節）も Original research papars の 1 つとして挙げられている．

写真は，カナダ国立研究機構でアト秒に入ったことを記念に，筆者がそこから移るときに Corkum 博士からもらった“From Femto-to-Atto Clock”である．このように XX to XXX という表現は，例えば“From the earth to the moon”などのように，困難な科学技術を達成したときに，ときどき見られるものである．ちなみにこの時計は，1 台しか存在しないと思われる．（新倉弘倫）

図　From Femto-to-Atto clock

第5章

アト秒科学で波動関数をみる

5.1　分子軌道トモグラフィー法

第5章では，どのようにしてアト秒科学の方法で，波動関数の自乗 $|\Psi|^2$ ではなく波動関数 Ψ そのものを可視化するかについて説明する．

まず再衝突電子を用いた高次高調波分光で，どのように分子軌道を可視化するのかについて述べる [35]．簡単のため，1次元で考える．高次高調波の双極子モーメント $d_x(t)$ は，分子軌道 $\Psi_{\rm b}(x)$ と再衝突電子 $\Psi_{\rm c}$ を用いて，$d_x(t) \sim \langle \Psi_{\rm b}| - ex |\Psi_{\rm c}\rangle$ と表される．再衝突電子 $\Psi_{\rm c}$ を，角振動数 ω（波数 k）の平面波の重ね合わせ

$$\Psi_{\rm c} = \int a(k) \exp({\rm i}kx - {\rm i}\omega t){\rm d}k \tag{5.1}$$

として表し（$a(k)$ は重ね合わせの係数），$d_x(t)$ を $t-\omega$ について複素フーリエ変換すると

$$d_x(\omega) \sim a(k) \int \Psi_{\rm b}(x) \cdot (-ex) \cdot \exp({\rm i}kx){\rm d}k \tag{5.2}$$

となる．

測定される高次高調波のスペクトル強度は $|d_x(\omega)|^2$ であるが，スペクトル位相を仮定するか，または測定するなどして，$d_x(\omega)$ を求

める．また式 (5.1) 中の $a(k)$ を，参照となる原子などを用いて求めることにする．すると，式 (5.2) で未知の関数は $\Psi_{\rm b}(x)$ だけになる．そこで今度は $k-x$ で逆フーリエ変換すると，$\Psi_{\rm b}(x)\cdot x$ を求めることができる．これを x で割れば，$\Psi_{\rm b}(x)$ を得る．2004 年に発表された論文 [35] では窒素分子を測定対象としたが，窒素分子の分子軌道は軸対称なので，2 次元で表される．そのため，上記のフーリエ変換の手続きは，2 次元フーリエ変換を用いて行う．

トンネルイオン化した電子は，直線偏光のレーザーを用いた場合，レーザーの偏光方向にそって再衝突する．一方，気相の分子はランダムな方向を向いているため，そのままでは分子軌道が角度に対して平均化されてしまう．そこで，まず高強度の赤外レーザーパルスを用いて，分子を一方向にそろえる（図 5.1）．

分子の回転周期よりも短いパルス幅の強いレーザーパルスを照射すると，シュタルクシフトにより瞬間的にレーザーの偏光方向にポテンシャルのへこみが生じ，多くの分子がその方向にいっせいにそろう（回転波束が生成する）．これは，窒素分子の分極率が分子軸に垂直な方向と平行な方向とで異なり，そのためレーザー電場によるシュタルクシフトの大きさ（回転エネルギー準位の変化）が分子軸からの角度に応じて異なるからである．窒素分子では分子軸とレーザー電場の偏光方向が平行な場合の方がポテンシャルの井戸が深くなるので，分子はその方向に落ち込んで，向きがそろうことになる．

レーザーパルスが分子を通過したあと，分子はそれぞれ別な方向に向いていくが，分子を古典的な質点系とみなしたときの回転の 1 周期のときに，再び多くの分子が 1 方向にそろう．これは回転波束のリバイバル（revival）とよばれる．回転波束のリバイバルは，波束が生成してから十数ピコ秒以上たってから起こるので，分子をそ

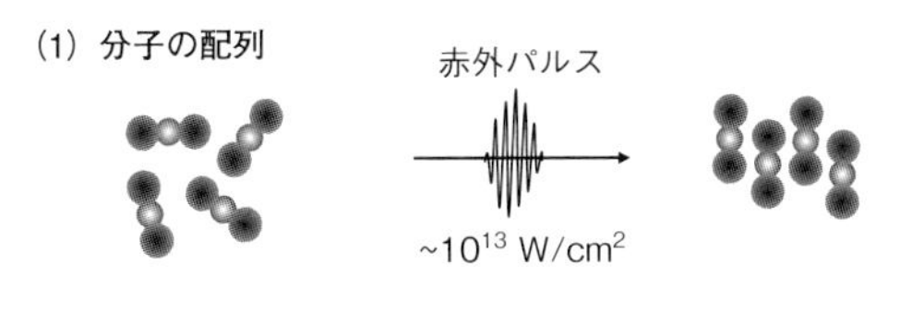

(2) 高次高調波（HHG）の発生とスペクトル測定

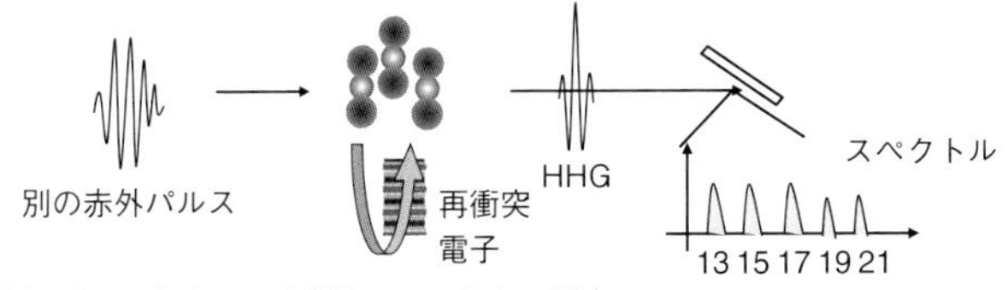

(3) 異なる角度から高調波のスペクトル測定

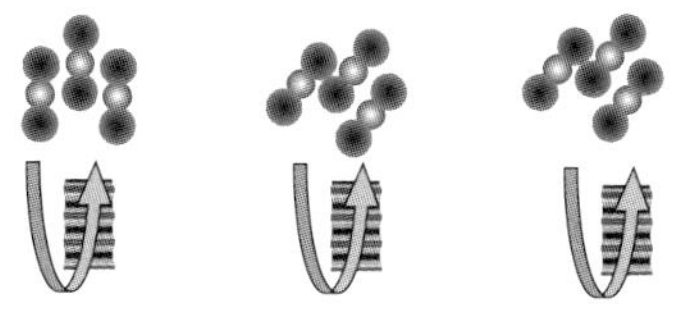

図 5.1 分子軌道トモグラフィー法の概要

ろえるのに使用したレーザー電場は影響を与えない．このように，レーザー電場の影響のない自由空間で分子の配列をそろえることができる．これを分子のアライメント（配列）法という．

その物理的な原理は以下のとおりである．分子に高強度レーザーパルスを照射すると，分子軸とレーザーパルスの偏光方向との角度や，原子間距離（分子の長さ）などに応じて，異なる大きさのシュタルクシフト（エネルギー準位の変化）が生じる．例えば水素分子イオンの場合，基低状態では原子間距離が長いほうが，短いときよりシュタルクシフトが大きくなり，エネルギーが低下する．このように分子の座標に依存したシュタルクシフトを用いることにより，分子のアライメントだけではなく，分子の解離過程や振動の速度などを制御することができる [3]．これらを原子光学（Atomic optics）に対して分子光学（Molecular optics）という．

分子のアライメント法と高次高調波発生を利用して，窒素分子の最高被占軌道（Highest-occupied molecular orbital：HOMO）が可視化された（図 5.1）．まず，分子軸をある方向に配列させたあと，高次高調波を発生させる赤外レーザーパルスを照射し，トンネルイオン化–電子再衝突により発生した高次高調波のスペクトルを測定する．次に分子軸の方向と，高次高調波を発生させる赤外レーザーパルスの偏光方向とを変えて，同様の測定を行う．このようにして得られた一連の高次高調波のスペクトルから 2 次元フーリエ変換を用いて分子軌道を再構成する．

図 5.2 に，可視化された窒素分子の最高被占軌道（HOMO）を示す．横軸と縦軸はオングストローム単位の長さであり，濃淡は分子軌道の振幅を表す．窒素分子の HOMO は $2\mathrm{p}\sigma_{\mathrm{g}}$ 軌道で表され，真ん中と両端の部分では，符号が異なるが，その符号の違いが可視化されている．このように，電荷分布（波動関数の自乗）ではなく，波動

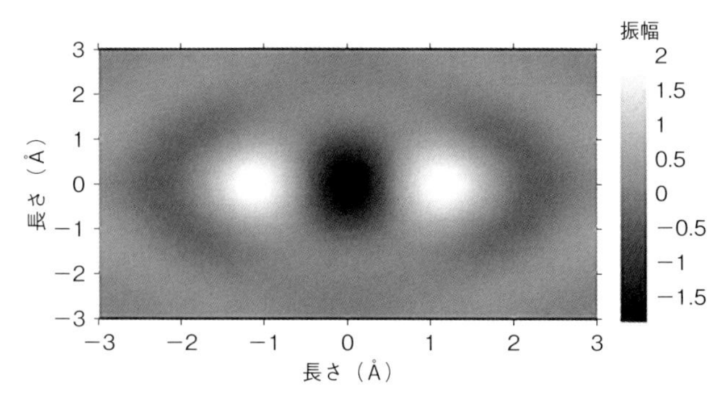

図 5.2　可視化された窒素分子の HOMO [35]（D. M. Villeneuve 博士提供）

関数そのものを可視化することができる．本方法では，測定される分子軌道自体のごく一部からプローブとなる再衝突電子を引き出して，分子軌道とコヒーレントに相互作用させている．そのため，分子軌道と再衝突電子のあいだの位相差が保たれており，振幅の正負の符号の測定が可能になる．電子パルスを外部で生成し，それを試料に衝突させるという従来の方法を用いた場合，電子パルスと試料の波動関数の間の位相差はランダムであるので，このような振幅の符号の違いを分けた測定は困難であると考えられる．

5.2 複素数の電子波動関数の可視化

次に，イオン化により生成する複素数の電子波動関数の可視化について説明する [49]．この方法では再衝突電子ではなく，アト秒高次高調波パルス列を用いる．

極端紫外領域の光を物質に照射すると，電子が放出される．どのようなエネルギーで，どのような角度方向に電子が放出されたのかを調べる光電子分光法は，様々な物質測定に使われている．特に角度分解光電子分光法（Angle-resolved photoelectron spectroscopy：ARPES）は，固体物性や表面研究などでも多く用いられている [50]．

気相の原子から放出された光電子の角度分布は，イオン化状態の電子波動関数を反映している．例えば，ヘリウム原子の 1s 軌道にある電子を 1 光子でイオン化した場合，光電子は p 波になり，それに応じた角度分布となる．しかし，ヘリウム以外の原子の場合には，例えば d 軌道にある電子を 1 光子過程でイオン化すると p 波と f 波が生成するが，それぞれ異なる磁気量子数 $m = 0$, $m = \pm 1$ をもつ状態がある（図 5.3 参照．ここでは p 波だけを描いてある．また，$m = \pm 1$ はそれぞれの線形結合をとった，p_x, p_y を模式的に描いて

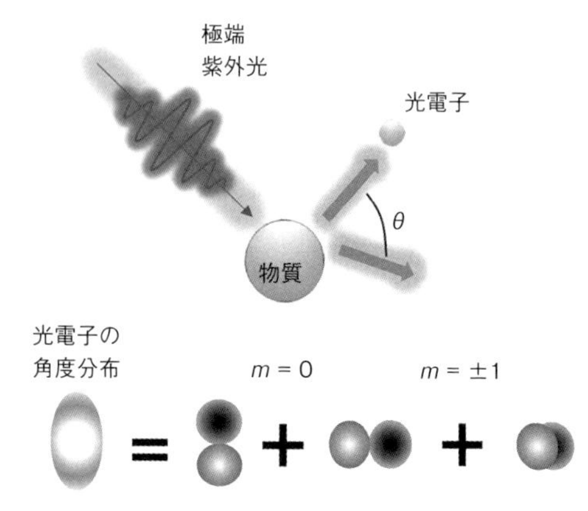

図 5.3　なぜ気相の角度分解・光電子分光法で直接，波動関数イメージを得るのが困難だったか．

いる）．磁気量子数が異なると，異なる角度分布になるため，測定される光電子の角度分布はこれらが重なったブロードなものになってしまう．また，第 1 章で記したように，検出器に当たると光電子の位相情報は消える．これらの理由のため，一般に光電子分光法を用いて直接，複素数の波動関数（位相分布と振幅の分布）を可視化することは困難だった．

筆者らは近年，ネオン原子からイオン化された光電子の複素数の波動関数を可視化することに成功した [49]．まず，高強度の赤外レーザーと，波長を変えることのできるアト秒パルス列（高次高調波）を用いた量子制御により，ネオン原子の磁気量子数（$m = 0$ か $m = \pm 1$）を選択する [1]．その量子制御のメカニズムを簡単に記すと，以下のとおりである [51]．高強度（イオン化が生じない 10^{12} W · cm^{-2} 程度）の赤外レーザーパルスをネオン原子に照射すると，シュタルクシフトとよばれるエネルギー準位のシフトが生じ，電子のエネルギー準位が変わる．シュタルクシフトだけでは，異なる磁気量数をもつ状態を分けることは困難だが，赤外光の波長（エネルギー）をある2準位間に共鳴させると，エネルギー準位が2つに分離する．エネルギー準位の分離の大きさは磁気量子数に依存し，$m = 0$ と $m = \pm 1$ では，エネルギー準位が異なる．そこで，波長可変のアト秒レーザーパルスを用いて，そのどちらかのエネルギー準位を選択的に励起しイオン化する，というものである．

図5.4の中段左と下段に，ネオン原子の2p軌道電子から第13次高調波（約20.5 eV）と赤外パルス（1.55 eV）による2光子イオン化過程により生成した，f波の光電子の運動量分布を示す．中段左が $m = 0$，下段が $m = \pm 1$ の状態である．縦軸と横軸は，位置ではなく電子の運動量であり，運動量空間での波動関数の自乗に相当する．実際にはf波だけではなくp波も混入しているが，干渉を用いる方法を使うと，f波とp波がどのような振幅と位相とで重なり合っているのかまで分離することができる [1, 49]．$m = 0$ の状態では6つのローブをもっているが，$m = \pm 1$ では，図で水平方向にも成分があることがわかる．なお高次高調波と赤外レーザーの偏光方向は図で垂直である．

$m = \pm 1$ では，波動関数の角度分布は球面調和関数 $Y_{3,\pm 1}$ で表され，測定される分布は，その自乗を2次元に斜影したものになる．図5.4のf波以外の図は，ヘリウム原子を用いて測定した光電子の角度分布である．ヘリウムの1s軌道にある電子は $m = 0$ のみのため，直線偏光のレーザーによって生成したイオン化状態でも $m = 0$ の波動関数が観測される．p波は1s軌道からの高次高調波（アト秒パルス列）による1光子イオン化，d波は高次高調波と赤外光による2光子イオン化，g波は，高次高調波による1光子と，赤外光による3光子の計4光子イオン化過程によって生成したものである．

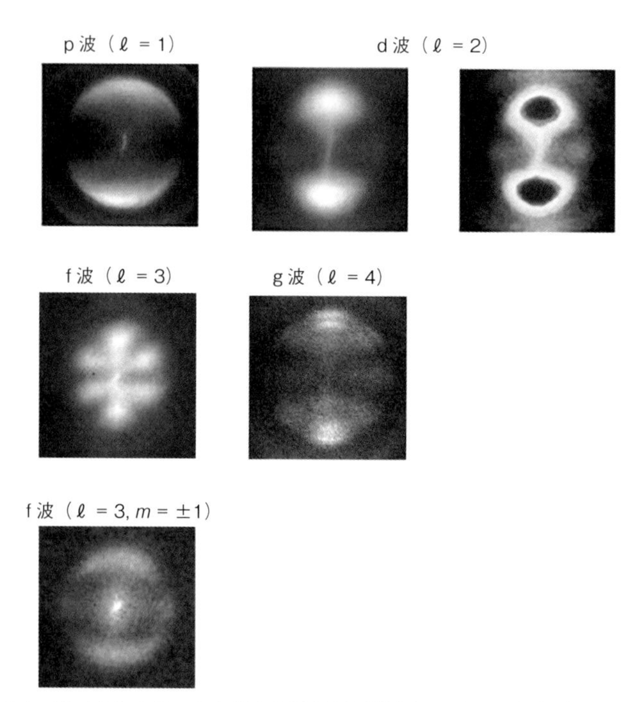

図 5.4　測定された様々な軌道角運動量量子数をもつ電子の分布（1 番下の図以外は磁気量子数 $m = 0$ の場合）.

実際は，他の軌道角運動量の波の寄与もあるが，それらも分けることができる [1]．d 波は水平成分が見やすいように，異なるスケールを用いた図も右に記している（筆者測定）.

それぞれ，d 波と g 波にはネオンの場合と同様に，他の軌道角運動量成分も混ざっているが，おおよそ d 波や g 波の角度分布の特徴を表している.

図 5.4 で測定された光電子の分布は，波動関数の自乗 $|\Psi|^2$ に相当するため，例えば f 波（$m = 0$）の上下のローブの位相（符号）の

違いは見えていない．そこで次に，位相分布と振幅の分布を同時に測定することにより，複素数の波動関数 Ψ そのものを可視化することを行う．

図 5.5 に測定方法の概要を示す．位相分布の測定のためにアト秒パルス列と赤外光を用いるが，4.3 節で説明した通常の RABBIT 法とは異なり，ここでは基本波（ω, 800 nm）と 2 倍波（2ω, 400 nm）の高強度レーザーパルスにより，奇数次と偶数次を含むアト秒パルス列（高次高調波）を発生する（図 5.5 (a)）．高次高調波と赤外光で試料ガスをイオン化し，放出された電子の運動量分布（どの方向にどれだけのエネルギーで放出されたか）を Velocity Map Imaging（VMI）とよばれる方法で測定する（図 5.5 (b)）．VMI 法では，3 次元の電子の運動量分布を 2 次元に斜影している．

位相を分けるには，2 つのイオン化過程 A と B の干渉を用いる（図 5.5 (c)）．過程 A では，14 次高調波による 1 光子イオン化で波動関数 Ψ_a が生成し，過程 B では，13 次高調波と赤外光による 2 光子イオン化過程で波動関数 Ψ_b が生成する．これらは，吸収する光子数が異なるので，生成する波動関数のパリティ（符号の対称性）は異なる．

4.3 節で説明した RABBIT 法 [21] では，2 光子過程同士の干渉を用いているため，生成する電子波動関数のパリティ（偶奇性）は同じになり，角運動量ごとの位相差を測定することが困難だった．本研究の方法ではパリティが異なる波動関数同士の干渉を用いるため，異なる軌道角運動量ごとに分けて位相差を測定することが可能になる [1, 44, 49]．

図 5.5（c）に，Ψ_a として s 波，Ψ_b として f 波が生成した場合を模式的に示す．これらの 2 つの波動関数が重なり合って干渉すると，同じ符号（位相）のところは強め合い，異なる符合のところは打ち消

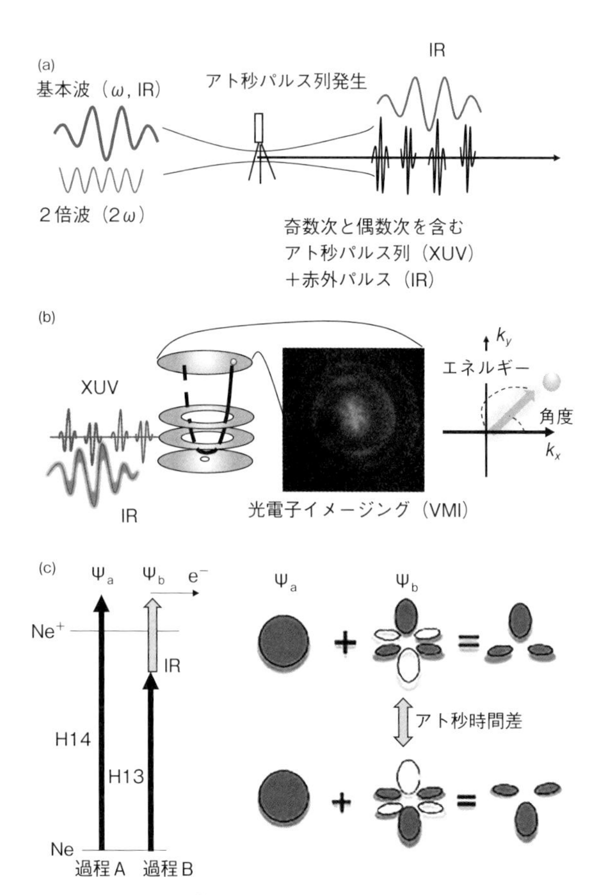

図 5.5　複素数の波動関数の可視化の方法

（a）測定光学系．実際の測定では，図よりも長い基本波（赤外パルス）を用いている．（b）Velocity Map Imaging（VMI）法の概略図．（c）イオン化過程と電子波動関数の干渉の模式図．

し合う．高次高調波と赤外光の時間差 τ（XUV-IR 時間差）を変えると（これは量子的な経路にかかる時間を変えることに相当する），そのあいだに Ψ_b は時間発展して，位相が逆転する．その状態で Ψ_a と重ね合わさると，今度は逆の符号をもったローブが干渉により強め合う．このように，高調波と赤外光の時間差を変えて，そのつど電子の運動量分布を測定することで，電子の運動量ごとの位相差を決定する．この位相差と振幅から，2 つの波動関数の干渉を表す複素数の波動関数 Ψ を得る．

この過程を数式を用いて表すと，以下のようになる．運動量 $k_\mathrm{x}, k_\mathrm{y}$ をもつ光電子の強度 $I(k_\mathrm{x}, k_\mathrm{y}; \tau)$ は

$$
\begin{aligned}
I(k_\mathrm{x}, k_\mathrm{y}; \tau) &= |\Psi_a(k_\mathrm{x}, k_\mathrm{y}) + \Psi_b(k_\mathrm{x}, k_\mathrm{y}) \exp(-\mathrm{i}\omega\tau)|^2 \\
&= |\Psi_a|^2 + |\Psi_b|^2 + 2|\Psi_a||\Psi_b| \cos(\omega\tau + \varphi_a - \varphi_b)
\end{aligned}
\tag{5.3}
$$

となり，時間差 τ を変えると振動する．ここで，ω は赤外光の角振動数，また $\Psi_a = |\Psi_a| \exp(\mathrm{i}\varphi_a)$，$\Psi_b = |\Psi_b| \exp(\mathrm{i}\varphi_b)$ である．測定された光電子強度の変化を，それぞれの電子の運動量 $k_\mathrm{x}, k_\mathrm{y}$ ごとに

$$
I(k_\mathrm{x}, k_\mathrm{y}; \tau) = A(k_\mathrm{x}, k_\mathrm{y}) + B(k_\mathrm{x}, k_\mathrm{y}) \cos(\omega\tau + C(k_\mathrm{x}, k_\mathrm{y})) \tag{5.4}
$$

でフィッティングし，分布 A, B, C を求める（なお実際の解析 [49] では，他の多光子過程の寄与を除去するため，$2\omega\tau$ で振動する成分も含めてフィッティングしている）．これらの分布から，“マッピング”波動関数

$$
\Psi(k_\mathrm{x}, k_\mathrm{y}) = B(k_\mathrm{x}, k_\mathrm{y}) \exp(\mathrm{i}C(k_\mathrm{x}, k_\mathrm{y})) \tag{5.5}
$$

を得る．簡単な計算により

$$\Psi = \Psi_a \cdot \Psi_b^* \tag{5.6}$$

とわかる（Ψ_b^* は，Ψ_b の複素共役をとった関数である）．すなわち Ψ は，2つのイオン化過程により生成した光電子の位相差と，振幅に関する情報を含んでいる．

図5.6と図5.7に，2つの実験条件（高調波の波長がわずかに異なる）で測定したときの波動関数 Ψ を示す．縦軸と横軸は電子の運動量である．それぞれ，Ψ の振幅 $|\Psi|$，位相 φ，複素数の波動関数

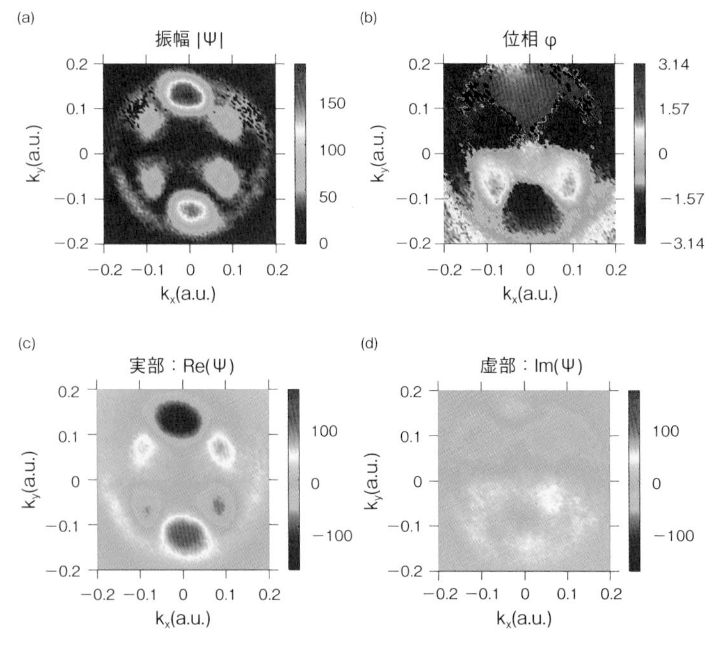

図5.6　ネオン原子から放出された光電子の複素数の波動関数 Ψ [49].
縦軸と横軸は原子単位（atomic unit, a.u.）での運動量.（図5.7，5.8も同様.）

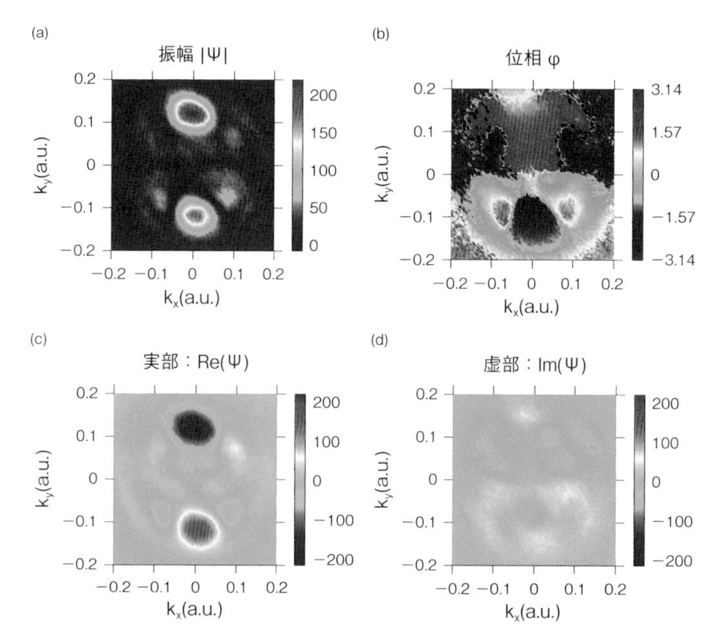

図 5.7　ネオン原子から放出された光電子の複素数の波動関数 Ψ [49]．図 5.6 とは高次高調波の波長が少し異なる実験条件で測定したときのもの．

Ψ を実部と虚部に分けて表示したものである．なお，実部の振幅が大きくなるように，全体の位相をシフトさせている．

複素数の波動関数は，上記のように位相と振幅の分布，または実部と虚部の分布というように 2 つの分布で表されるが，これが 1 枚の図で表されると便利である．そこで，図 5.8（a, b）の左側に，複素数の波動関数 Ψ を HSV 表示で表した図を示す．HSV 表示とは 3 次元のカラーマップ（H, S, V）をもつ表示法であり，ここでは振幅を V（value, 濃淡），位相を H（hue, 色）で区別している（図 5.8

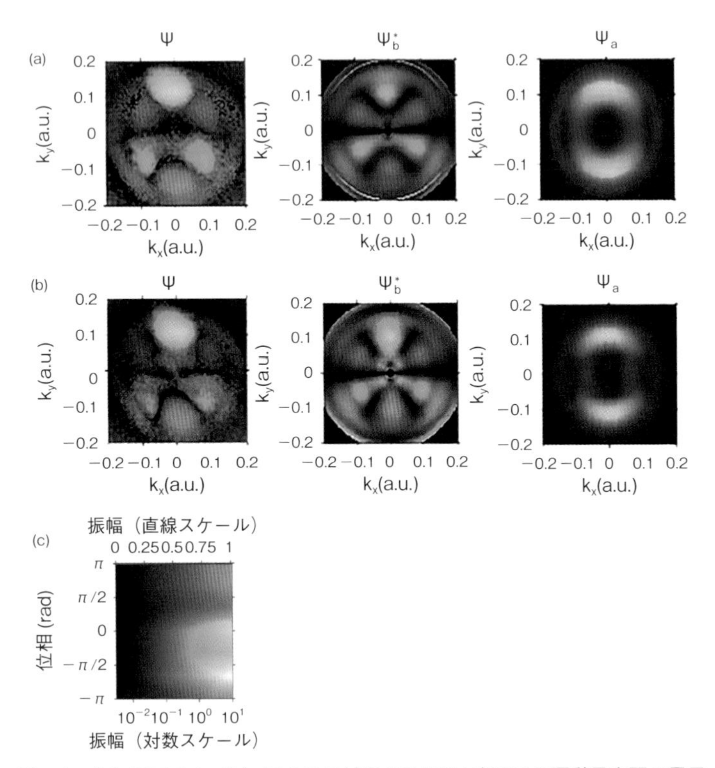

図 5.8　(a) 図 5.6 と (b) 図 5.7 に対応する HSV 表示での運動量空間の電子波動関数 Ψ（振幅は対数スケール）と，イオン化過程ごとに分けた波動関数 Ψ_b^* と Ψ_a（振幅は直線スケール）．$\Psi = \Psi_a \cdot \Psi_b^*$ の関係がある．(c) 位相と振幅のカラーマップ．((a)，(b)，(c) すべて [49] から.)

(c))．このことにより，位相と振幅の2つの分布をもつ複素数の波動関数を1枚の図で表現することができる．なおS (saturation) は一定の値にしている．

それぞれの図をみると，図 5.8 (a) が得られた実験条件では6つ

のローブがはっきりと観測されていることがわかるが，これはf波の特徴を反映したものである．例えば図5.7の実部をみると，f波の隣り合うローブの振幅が，それぞれ正と負の値をとっていることがわかる．また，位相分布を見ると，隣り合うローブで位相がおおよそπだけずれているのがわかる．(b) の条件では，6つのローブの内側で位相が逆になっている領域がある（図5.7）．このように，振幅の自乗（$|\Psi|^2$，電子の確率分布）では不明瞭な詳細な構造の違いが，位相分布測定によって高分解能でわかるようになる．

次に，部分波展開とよばれる方法で，Ψ をイオン化過程A，過程Bごとに生成した波動関数 Ψ_a と Ψ_b^* に分けた．図5.8 (a, b) の中央と右側に，その結果を示す．過程AとBとでは，波動関数の対称性が異なっており，Ψ_a ではp軌道からの1光子吸収によるd波とs波の重ね合わせが，また Ψ_b^*，2光子吸収によるf波とp波の重ね合わせが生成する．図5.8 (b) での Ψ_b^* を見ると，(a) に比べて内側の位相が入れ替わっている場所があることがわかる．すなわち Ψ で観測されたこの構造は，2光子イオン化過程（過程B）に起因することがわかる．

このように，アト秒パルス列（高次高調波）と赤外光による2光子過程と，1光子過程とで生成した波動関数の干渉を用いることで，個々の過程によって生成した運動量空間での波動関数を複素数で可視化することが可能になった．干渉を用いているため，それぞれの高調波のスペクトル幅よりも狭いエネルギー分解能（運動量の分解能）で測定できる．本研究により，異なる角度・エネルギーで放出された光電子の位相差を測定することが可能になった．今後は気相原子だけではなく，分子や固体に応用することが次の展開となる．

あとがき

以上，20 世紀初頭に発展した量子力学の中心的な概念である波動関数が，21 世紀のアト秒科学によってどのように測定されていったのかを概観した．アト秒科学以前の光学（Photonics）では，光の周波数（波長）に依存した現象・スペクトルを測定する Spectroscopy であったが，アト秒科学では本文中に記したように「レーザー電場 1 周期以内の」（Sub-laser-cycle）ダイナミクスに注目する．すなわち，電場の波としての性質を利用したものである．

アト秒科学では，そもそも「どのようにして，そのような短い時間領域の測定を行うのか？」が課題だった．本文中に記したように，従来の時間分解測定法に捉われずに，アト秒時間と関連付けられる測定可能な物理量は何かを考えることで，様々なアト秒測定法が開発された．例えば分子時計法や電子ストリーク法，高次高調波分光などでは，それぞれ解離した分子の運動エネルギーや電子の運動エネルギー，また高次高調波の波長などが時間に対応し，「アト秒の時計」となるのは相関した振動波束運動や，レーザー電場の振動などである．本文では紹介しきれなかったが，他にも例えば円偏光のレーザー電場ベクトルの方向の変化を時計にした Atto-clock という方法もある [52]．このように，アト秒科学はフェムト秒レーザー技術を用いてはいるが，フェムト秒技術を延長したものではなく，上記のように新たな測定法の提案が重要だった．これらのアイデアは 2001 年から 2006 年くらいまでの間に集中的に提案・実現されたが，その現場でリアルタイムでこれらの研究を行うことができたのは筆者個人としては良かったと考えている．

本文中の様々なところで記したように，アト秒科学では，高強度のレーザー電場と原子や分子との相互作用が重要である．トンネルイオン化や電子再衝突過程，またレーザー電場による瞬間的なシュタルクシフトを利用した分子制御や分子のアライメント，また電子の磁気量子数を制御したイオン化過程など，弱いレーザー電場との相互作用では見られない多彩な現象が，アト秒科学の進展の元になっている．

アト秒科学により，物質中の電子の動きの測定や，これまでアクセスが難しかった電子波動関数の位相分布の測定も可能になった．化学反応や量子物性などの性質には電子が大きな役割を果たしているが，これまで模式的にまたは計算でしか表されなかった複素数の波動関数とその変化が，実験的に可視化され，量子制御できる道が拓かれたことになる．これらを用いたアト秒・オングストロームの科学・量子技術の発展と応用が，今後期待される．

またアト秒科学ではこれまで放射光などでしかつくられなかった短い軟 X 線パルスなどをテーブルトップでつくれるようになってきている [22]．最近の半導体産業では，EUV 加工ということが言われるが，まさにアト秒パルスは超短の EUV パルスを発生する光源である．そのため，産業応用という観点からも，重要な基盤技術となると思われる．

アト秒科学の次はゼプト秒ということになるが，ゼプト秒でどのような新しい現象が発見できるのかは，今後の課題である．

参考文献

1) P. W. Atkins, Julio de Paula（千原秀昭・中村亘男訳）:『アトキンス物理化学 第8版』, 東京化学同人（2009）
2) P. W. Atkins and R. Frideman: "Molecular Quantum Mechanics" 5th ed., Oxford University Press (2011)
3) 小出昭一郎:『解析力学（物理入門コース 2)』, 岩波書店（1983）
4) 朝永振一郎:『量子力学 I（物理学大系 基礎物理篇 8)』, みすず書房（1969）
5) 藤永　茂:『分子軌道法』, 岩波書店（1980）
6) F. A. Carey（太垣和一郎・古賀憲司・矢野由美彦訳）:『有機化学』, 東京化学同人（1988）

引用文献

[1] D. M. Villeneuve *et al.*: *Science*, **356**, 1150 (2017)
[2] A. Tonomura *et al.*: *Am. J. Phys.*, **57**, 117 (1989)
[3] H. Niikura *et al.*: *Phys. Rev. A*, **73**, 021402(R) (2006)
[4] H. Niikura, P. Corkum: *Adv. At. Mol. Opt. Phys.*, **54**, 511 (2007)
[5] R. L. Fork *et al.*: *Opt. Lett.*, **7**, 483 (1987)
[6] A. H. Zewail *et al.*: *Science*, **242**, 1645 (1998)
[7] D. E. Spence *et al.*: *Opt. Lett.*, **16**, 42 (1991)
[8] T. Brabec *et al.*: *Rev. Mod. Phys.*, **72**, 545 (2000)
[9] T. Ishikawa *et al.*: *Nature Photon.*, **6**, 540 (2012)
[10] T. Minami *et al.*: *J. Luminescence*, **35**, 247 (1986)

[11] H. J. Wörner *et al.*: *Nature*, **466**, 604 (2010)
[12] P. H. Bucksbaum *et al.*: *Phys. Rev. Lett.*, **56**, 2590 (1986)
[13] M. Ferray *et al.*: *J. Phys. B*, **21**, L31 (1988)
[14] P. Corkum: *Phys. Rev. Lett.*, **71**, 1994 (1993)
[15] P. Corkum, *et al.*: *Opt. Lett.*, **15**, 1870 (1994)
[16] E. Constant *et al.*: *Phys. Rev. A*, **56**, 3870 (1997)
[17] H. Niikura *et al.*: *Nature*, **417**, 917 (2002)
[18] A. V. Ammosov, *et al.*: *Sov. Phys. JETP*, **64**, 1191 (1986)
[19] M. Uiberacker *et al.*: *Nature*, **446**, 627 (2007)
[20] M. Lewenstein, *et al.*: *Phys. Rev. A*, **49**, 2117 (1994)
[21] P. M. Paul *et al.*: *Science*, **292**, 1689 (2001)
[22] T. Popmintchev *et al.*: *Science*, **336**, 1287 (2012)
[23] M. Hentschel *et al.*: *Nature*, **414**, 509 (2001)
[24] J. Giles: *Nature*, **420**, 737 (2002)
[25] M. Helmer: *Nature materials*, **9** S19 (2010)
[26] F. Krausz, M. Ivanov: *Review of Modern Physics*, **81**, 163 (2009)
[27] M. Drescher *et al.*: *Nature*, **419**, 803 (2002)
[28] A. Baltuska *et al.*: *Nature*, **421**, 611 (2003)
[29] G. Sansone *et al.*: *Science*, **314**, 443 (2006)
[30] E. Goulielmakis *et al.*: *Nature*, **466**, 739 (2010)
[31] A. L. Cavalieri *et al.*: *Nature*, **449**, 1029 (2007)
[32] Y. Mairesse *et al.*: *Science*, **302**, 1540 (2003)
[33] J. M. Dahlström *et al.*: *J. Phys. B*, **45**, 183001 (2012)
[34] H. Niikura *et al.*: *Nature*, **421**, 826 (2003)
[35] J. Itatani *et al.*: *Nature*, **432**, 867 (2004)
[36] H. Niikura *et al.*: *Phys. Rev. Lett.*, **94**, 083003 (2005)
[37] N. Dudovich *et al.*: *Nature Phys.*, **2**, 781 (2006)
[38] H. J. Wörner *et al.*: *Science*, **334**, 208 (2011)

[39] S. Baker *et al.*: *Science*, **312**, 424 (2006)
[40] T. J. Hammond *et al.*: *Nature photon.*, **10**, 171 (2016)
[41] H. Niikura *et al.*: *Phys. Rev. Lett.*, **105**, 053003 (2010)
[42] H. Niikura *et al.*: *Phys. Rev. Lett.*, **107**, 093004 (2011)
[43] G Vampa *et al.*: *Nature*, **522**, 462 (2015)
[44] D. M. Villeneuve *et al.*: *Phys. Rev. A*, **104**, 053526 (2021)
[45] C. D. Wei Xiong: *Opt. Exp.*, **22**, 6194 (2014)
[46] B. Schmidt *et al.*: *Nature Comm.*, **5**, 3643 (2014)
[47] T. Zuo *et al.*: *Chem. Phys. Lett.*, **259**, 313 (1996)
[48] M. Meckel *et al.*: *Science*, **320**, 1478 (2008)
[49] T. Nakajima *et al.*: *Phys. Rev. A*, **106**, 063513 (2022)
[50] A. Damascelli *et al.*: *Rev. Mod. Phys.*, **75**, 473 (2003)
[51] S. Patchkovskii *et al.*: *J. Phys. B*, **53**, 134002 (2020)
[52] P. Eckle *et al.*: *Nature Phys.*, **4**, 565 (2008)

索　引

【欧字】

【ア行】

【カ行】

【サ行】

【タ行】

【ハ行】

【ラ行】

Memorandum

Memorandum

〔著者紹介〕

新倉弘倫（にいくら　ひろみち）

2000年　総合研究大学院大学博士後期課程修了
現　在　早稲田大学理工学術院先進理工学部 教授，博士（理学）
専　門　アト秒物理

化学の要点シリーズ　47　*Essentials in Chemistry 47*

アト秒科学で波動関数をみる

Visualizing a Wavefunction Using Attosecond Science

2023年12月25日　初版 1 刷発行

著　者　新倉弘倫

編　集　日本化学会　©2023

発行者　南條光章

発行所　**共立出版株式会社**

［URL］　www.kyoritsu-pub.co.jp

〒112-0006 東京都文京区小日向4-6-19　電話 03-3947-2511（代表）

振替口座　00110-2-57035

印　刷　藤原印刷

製　本　協栄製本　printed in Japan

検印廃止

NDC　431.19, 421.3

ISBN 978-4-320-04488-3

一般社団法人
自然科学書協会
会員